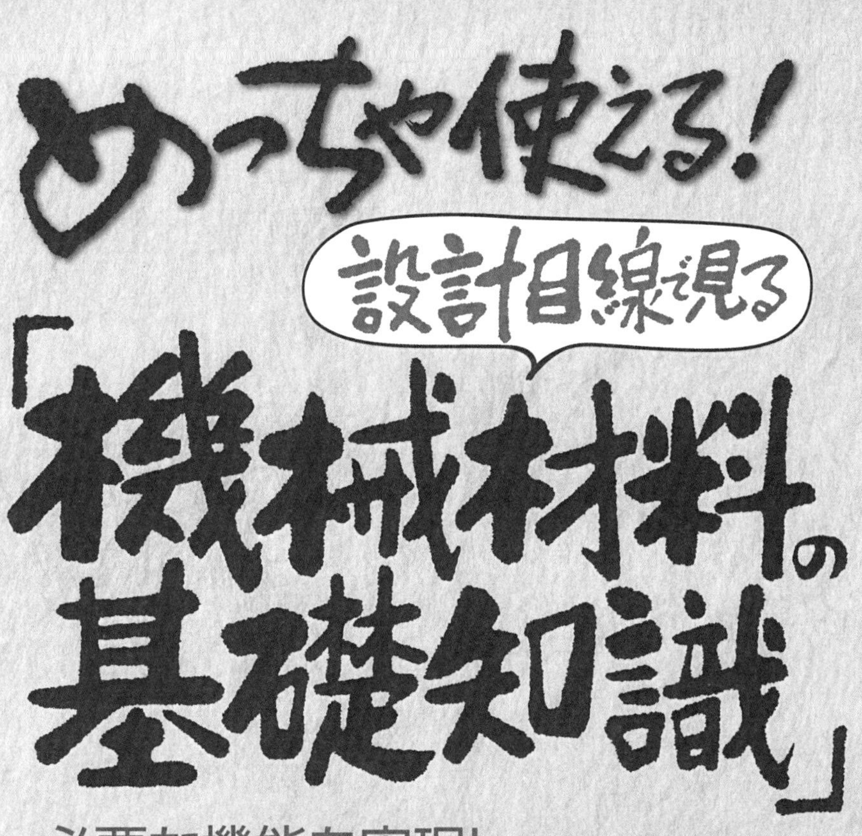

必要な機能を実現し
設計を全体最適化するための知識

山田 学 監修
Yamada Manabu

大薗 剣吾・福﨑 昌宏・田口 宏之 著
Ohzono Kengo　Fukuzaki Masahiro　Taguchi Hiroyuki

わかりやすく
やさしく
やくにたつ

日刊工業新聞社

～なぜ機械設計において材料の知識が必要なのか？～

機械を作るには、適切な材料を選択することが大切です。機械材料の特性をよく知らなければ、要求される機能や強度を満足できません。しかし、候補となる材料はあまりにも膨大な種類があるため、材料を選ぶことは難しいものです。

そこで、知っておきたいのが材料記号の知識です。材料記号の意味を知ることで、材料の特性や、めっきや熱処理などの理解を深めることができます。材料選択の幅が広がり、材料の特徴を十分に生かして、要求機能を満たすことが可能になります。従来通りの実績のある材料だけではなく、より良い選択ができるように、次の一歩を踏み出すことができます。

本書は、設計者の目線で、機械材料について知っておくべき内容をまとめました。実務に必要な材料の知識を「設計目線」「加工目線」「コスト目線」などの様々な視点で解説しています。

第1章で、機械材料の基本と材料選択のポイントを解説しています。第2章、第3章では、各種材料について材料記号体系やその特徴などを詳しく解説をしています。第4章、第5章では、熱処理や表面処理について、機械設計者にとって十分な知識を得られるように解説しています。第6章は重要な機械要素材料を解説しました。

本書を先頭から順番に学習していくことで、機械設計者として材料選定の知識体系を修習することができます。また、材料の詳細を確認したいときの実務ガイドとしても活用できます。

機械設計と材料の今後について

機械設計の分野では、3D-CADやCAEの活用が進み、短時間で複雑な設計を行うことができるようになっています。また本書でも紹介しているように、軽量で高強度なCFRPや、新しい造形法として注目される3Dプリンタなど、新しい材料が開発され、活用が進んでいます。新しい技術を積極的に取り入れていくことも、機械設計力の向上につながる重要な取り組みです。

本書は、体系的な機械材料の知識と合わせて、新しい材料についても多くのページを割いて紹介していますので、是非参考にしてください。

本書のポイント

- 機械材料を体系的に理解できる！
- 材料選択のポイントがわかる！
- 設計者の目線で学べる！

本書の執筆という貴重な機会をいただきました、日刊工業新聞社の鈴木様をはじめ、ご指導いただきました皆様に御礼申し上げます。

本書の監修者としてご指導と全面的なバックアップをいただきました株式会社ラブノーツの山田様に感謝致します。福﨑技術士事務所の福﨑様には、材料分析の項の執筆と、金属関連の監修をいただきました。田口技術士事務所の田口様には強度設計の項の執筆とプラスチック関連の監修をいただきました。ご多忙中のご対応、誠にありがとうございました。

日本鋳造株式会社の森様より、製鉄・鋳造関連の画像をご提供いただきました。関根美由紀様には、魅力的で的確な作図をご対応いただきました。誠にありがとうございました。

本書に興味を持って手に取ってくださった皆様、誠にありがとうございます。本書が皆様のお役に立つことを祈念します。

2022年7月吉日
ソメイテック　大薗剣吾

目次 CONTENTS

第1章

機械製品の礎！「機械材料」

機械材料の基本

機械材料

機械材料は、鉄鋼材料、非鉄金属材料、非金属材料に分類される。各材料の特徴と、熱処理や表面処理について理解しておく必要がある。

材料の特徴を理解するには、JIS等で規格化された材料体系を活用できる。

1. 機械材料にはどのようなものがある？

機械を構成している様々な部品に使用される材料を、機械材料と言います。機械部品には、強度や硬さ、使用環境での耐久性などの様々な性能が要求されますので、その要求を満たす材料を選択する必要があります。また材料のコストや、加工のしやすさなども重要です。

機械材料を大きく分類すると、金属材料と、非金属材料に分けることができます。金属材料には、鉄鋼材料と、非鉄金属材料があります。非金属材料には、プラスチック材料、セラミックス材料、木材などがあります。また、異種の材料を組み合わせた複合材料もあります（図1-1）。

本書では、第2章で『鉄鋼材料』を、第3章で『非鉄材料』を解説します。

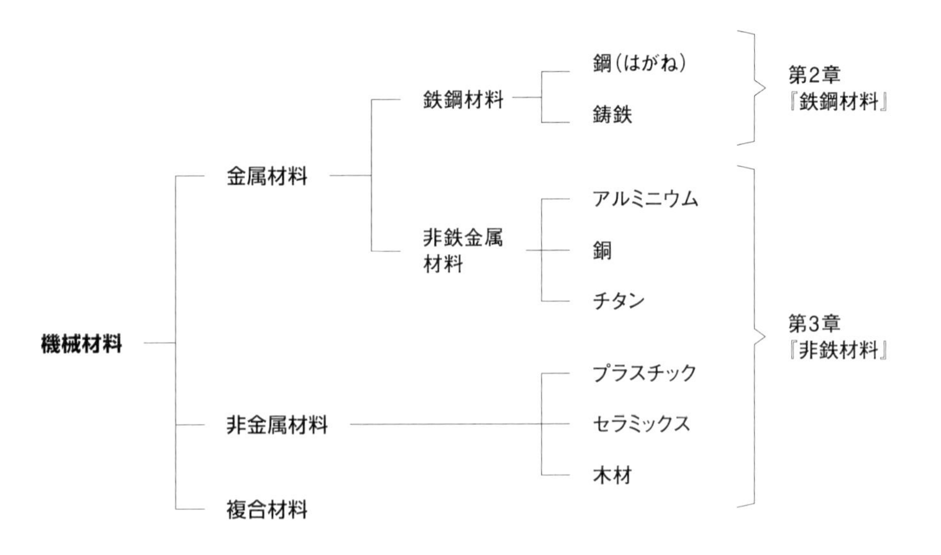

図1-1 様々な機械材料

2. 各材料の特徴

金属、プラスチック、セラミックスは、性質が大きく異なります。これらの特徴の違いを押さえておきましょう（表1-1）。

1）金属材料

金属材料は、主に金属元素でできた材料で、強くて硬い材料です。また熱伝導性や電気伝導性が高いです。中でも鉄鋼材料は、強さ、硬さ、耐熱性、入手しやすさ、機械加工のしやすさ、価格の安さなどのバランスが良く、機械材料の中心的存在です。そのほかに、軽量なアルミニウムや、電気特性の良い銅、耐食性の高いニッケルやチタンなど、様々な金属材料が用いられています。金属材料は、化合物元素の配合や、熱処理や加工による調質（材料の性質を変化させる処理）によって、様々な機械的性質や機能性を与えることができます。

2）プラスチック材料

プラスチック材料は、有機高分子で形成された固体の材料で、一般に、金属材料に比べて軽く、柔らかい材料です。原料や、合成方法、強化材等の配合などの違いで、様々な物性を持った材料が存在します。軽量な機構部品、透明性を必要とする部品、電気絶縁材など、様々に利用されます。さびや腐食がないこともメリットです。成形機を用いて様々な形状に成形することができ、機械加工も可能です。

3）セラミックス材料

セラミックス材料は、金属酸化物などの無機化合物を１種類または数種類配合した材料で、重さは金属とプラスチックの中間程度です。耐熱性が高く、剛性が非常に高くほとんど変形しないという特徴があります。耐火物、絶縁材や半導体材料などに用いられます。セラミックス材料には、セメント、ガラス、陶器のほか、ファインセラミックスと呼ばれる、高純度の原料を用いて精密に調整された機能性材料があります。セラミックスの加工は、原料を焼き固めて成形し、切削や研削などで仕上げます。曲げ加工はできません。

表1-1 金属･プラスチック・セラミックスの特徴の比較（一般的傾向）

特性	金属	プラスチック	セラミックス
重さ	重い（鉄は比重約8）	軽い（比重1～2）	中間（比重3～6）
熱伝導性	高い	低い	中間
導電性の分類	導電体	絶縁体	絶縁体～半導体
強さ、硬さ	強く、硬い	弱く、軟らかい	強く、非常に硬い
耐衝撃強さ	強い	強い	弱い
耐熱性	高い	低い、燃えやすい	非常に高い
耐久性	錆びやすい	劣化しやすい	高耐久である
加工しやすさ	鋳造･切削･曲げ可能	成形･切削可能	成形･切削可能
コスト	鉄は安価、材種による	安価なものが多い	比較的高いものもある

3．機械材料の形状

素材として入手できる材料には様々な形状があります。材料の形状で分類すると、板材、棒材、線材、管材、形材（かたざい）などがあります。板は厚さによって、厚板、薄板、箔（非常に薄い板）と呼ばれます。形材はL形、I形、H形などの断面形状を持った材料で、鉄鋼材料では形鋼（かたこう）と呼ばれます。コイル状に巻かれた状態の材料を条（じょう）と言います。これらの材料は圧延や鍛造などの塑性加工でつくられるもので、展伸材（てんしんざい）と呼ばれます。砂型鋳造やダイカストなどの鋳造加工に用いられる材料は、鋳造材（ちゅうぞうざい）と呼ばれます（**表1-2**）。

表1-2 機械材料の形状の分類・加工方法·用途

形状の分類		加工方法	主な用途
展伸材	板材 （厚板、薄板、箔）	熱間圧延、冷間圧延	機構部品、構造材、自動車ボディ、カバー、金具、板ばね
	棒材 （丸棒、角棒、六角棒）	圧延、冷間引抜、鋳造など	機構部品、鉄筋、シャフト、ねじ、歯車
	線材	冷間引抜	芯材、電線、ばね、ワイヤ、針
	管材 （丸管、角管）	熱間押出、熱間押抜、溶接	配管、シャフト、構造材、機構部品
	形材（L形、I形、H形、山形、溝形）	熱間押出、プレスなど	レール、車両フレーム、構造材（鉄骨、橋梁、窓枠、金具
鋳造材		砂型鋳造、ダイカストなど	機構部品、構造材

※表の形状分類·加工方法·用途は一般的なもので、この表以外の場合もあります。

設計目線で見る「素材の形状と物性から寸法精度や強度を見極める件」

入手する材料が最終的に必要な形状・寸法とぴったり合えば、加工を省いて使うことができます。材料や加工のコストや、リードタイム（製造にかかる時間）を減らすメリットがあります。素材メーカーごとに標準の形状・寸法のラインナップは異なります。標準のものがあれば材料コストを抑えられますので、よく探索することが大切です。

加工をしない部分の寸法精度は、入手する材料に依存することになります。形状に注目してみましょう。JISでは、板材や棒材などの形状ごとに、厚みなどの公差を規定していますので、精度を確保できるかどうかの参考情報になります。また、板や棒などの長い材料は、長手方向で熱膨張による寸法変化が大きくなり、剛性率が小さいほど反りや曲がりが大きくなりやすいということも理解しておきましょう。線膨張係数や剛性率などの物性を確認しておくことが有効です。

形状と強度の関係では、『寸法効果』という言葉も押さえておきましょう。材料の強度は材料の固有の値になると思われがちですが、実は、寸法によって変化する場合があります。例えば、棒の曲げ疲労強度は、直径が太いほど低くなります。意外な感じがしますが、これは寸法が大きいほど端部への応力集中が強くなるなどの理由から起こります。JISで規定される機械的強度は標準寸法の試験片によるものですので、寸法によって異なることに留意しましょう。

4．機械材料に施される熱処理や表面処理とは？

金属材料を使う時に忘れてはいけないのが、熱処理や表面処理です。金属材料は、熱処理によってその材料組織の状態を変化させて、硬さなどの物性を変化させることができます。熱処理には、焼なまし、焼ならし、焼入れ、焼戻し、表面焼入れ、浸炭などがあります（**図1-2**）。

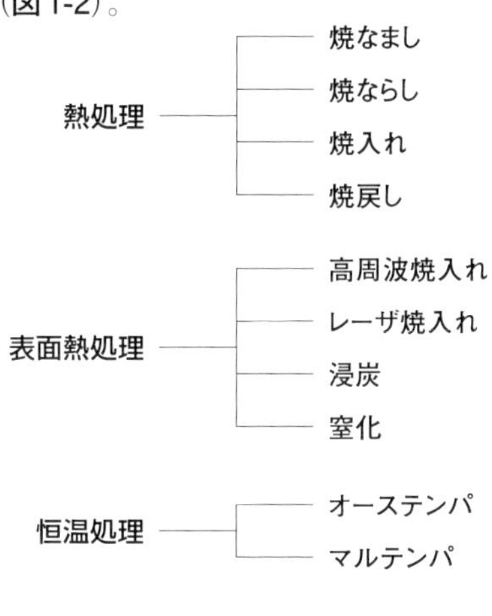

図1-2 様々な熱処理

表面処理は、表面の硬さや、耐食性、外観などの性質を付与する処理です。湿式めっき、乾式めっき、化成処理、陽極酸化などがあります（**図1-3**）。

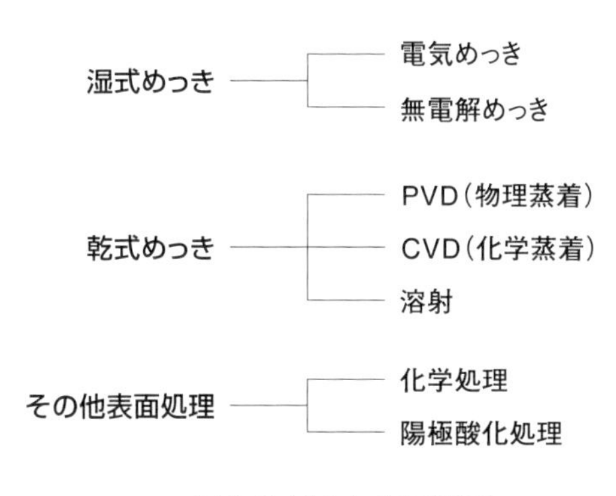

図1-3 様々な表面処理

5．新しい材料

新しく注目されている材料として、複合材料や、３Ｄプリンタ材料などがあります（表1-3）。

複合材料は、異なる材料を組み合わせて新しい機能性の材料を実現しているものです。最近注目されているものとしては炭素繊維強化プラスチック（CFRP）があります。

３Ｄプリンタは、空間中に素材を供給して立体形状を造形できる方法で、プラスチック材料、金属材料、セラミックス材料の造形が可能になっています。近年急速に、装置や材料の開発が進み、利用が拡大しています。

これらの新しい材料以外にも、金属材料や、プラスチック材料など、広く使われている材料においても、より機能性の高い材料の開発が進められています。また、製造時の環境負荷が少ない材料や、リサイクル性の高い材料など、社会的側面を考慮した新しい材料の開発も進められています。

使用実績のある材料を選択することは確実ですが、それに加えて、新しい材料の活用を検討していくことや、機能性の要求から新しい材料を探索していくことも、大切な取り組みと言えるでしょう。

表1-3 注目される材料の例

材料の種類	新しい材料の例
複合材料	・GFRP（ガラス繊維強化プラスチック） ・CFRP（炭素繊維強化プラスチック） ・金属基複合材料 ・セラミック基複合材料 ・集成材
3Dプリンタ材料	・熱可塑性樹脂（ABS、PLA、ASA、PVC、PPなど） ・光・熱硬化性樹脂（アクリル、ウレタンなど） ・金属（ステンレス、アルミニウム、銅、ニッケルなど） ・セラミックス（アルミナ、ジルコニアなど） ・複合材料（樹脂＋強化材、セラミックス粉末＋金属など）

複合材料って
何ですか？
異なる種類の材料を
組み合わせた材料だよ。
例えばCFRPは炭素繊維と
プラスチックとを複合させて
つくるんだ。

6．膨大な材料を区別できる材料記号

ここまで説明したように、機械材料には非常に多くの種類があります。それらを区別するのは大変ですね。そこで、材料記号というものが使われます。材料記号は、ローマ字と数字の組み合わせで、材料ごとに定められています。材料記号を使うことで、用途に合った適切な材料を間違いなく選択できるようになっています。材料記号は国際的にはISO（国際標準化機構）で、日本ではJIS（日本産業規格）で整備され、整合がとられています。

材料記号は、材料の種類だけでなく、その材料の製造方法や、化学組成、用途、材料の強度などについても整理して規定しています。それによって、どのような機械部品を設計したいかという目的に応じた材料の選択がしやすくなっています。材料記号は金属材料に限らずプラスチック材料などにも定められていますが、金属材料の記号は日本でしか通用しない記号となっているので注意が必要です。また、熱処理やめっきなどの表面処理についても処理記号が定められています。例として**図1-4**にSS400を示します。

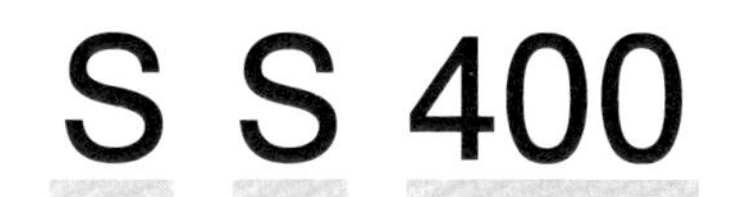

図1-4 材料記号（SS400の例）

φ(@°▽°@) メモメモ

材料の品質を証明する書類

材料証明書は、素材の品質について記載がなされたもので、素材メーカーが購入者へ発行します。鋼材の証明書はミルシートと呼ばれています。ミルは工場、シートは書類の意味の造語です。製造ロット毎に材料の機械的性質や化学成分の実績値を記載します。購入した材料の受入確認に用います。また建築工事では鋼材のミルシートを提出する義務があるなど、品質保証の役割を担います。

材料証明書は書式のルールが決まっておらず、素材メーカーごとに様式を決めています。中には読みにくい様式のものもあるかもしれません。材料を購入したら、書かれている内容をしっかりとチェックするようにしましょう。

2 材料の物性と、評価・試験法

材料物性

材料物性は、機械的性質、物理的性質、化学的性質に分類される。機械設計においては機械的性質が特に重要となる。評価・測定方法についても把握しておくことが重要。

機械材料には硬い・軟らかい、軽い・重いなど様々な性質があります。これら性質は大きく3種類に分類されます（**表1-4**）。

機械的性質はいわゆる硬い軟らかいなど強度に関係する性質です。主に引張強さや硬さなど、材料に応力を付加したときの変形挙動になります。そのため機械の強度設計などを行うときに中心となる性質です。

物理的性質は主に密度や融点など物質を破壊させないで観察・測定される性質になります。例えば、密度は体積と質量から計算できます。ほかにも温度や熱に関する性質、電気電子的な性質、磁気的な性質などがあります。

化学的性質は耐食性など、主に化学反応を起こすときに観察・測定される性質になります。そのため、材料をそのまま観察してもわかりません。錆や腐食に関する性質、酸やアルカリに対する反応、酸化状態、可燃性や燃焼性などがあります。

表1-4 機械材料の性質の分類

分類	性質
機械的性質	引張強さ(MPa) 降伏応力(MPa) 耐力(MPa) 伸び(%) 絞り(%) ヤング率(GPa) 剛性率(GPa) 硬さ(HB、HV、HRCなど) 衝撃値(J) 靭性　など
物理的性質	密度(g/cm^3) 融点(Kまたは℃) 熱伝導率(W/m･K) 線膨張係数(1/K) 電気抵抗率(Ω･m) 磁性　など
化学的性質	耐食性 酸化状態 可燃性、燃焼性　など

1．機械材料の試験・評価方法

機械材料の性質を測定・評価する試験方法はたくさんあります（**表1-5**）。

材料強度試験は主に材料の強度など機械的性質の評価を行います。成分分析は機械材料の成分を評価します。測定する元素によって分析装置を使い分けます。材料組織分析は機械材料のミクロ構造を解析して評価します。組織分析は装置によって得意とする項目が変わります。

材料強度試験はいずれの試験でも試験片に直接応力を負荷して、その時の応力、伸び、衝撃値などを測定します。試験片は変形・破壊をともなうので破壊試験と言えます。材料に負荷される応力は様々なので引張試験、硬さ試験、シャルピー衝撃試験など様々な試験があります。材料の性質として高強度な材料ほど伸びや衝撃が低下して、低強度の材料は伸びや衝撃が高くなる傾向があります。

化学成分分析はミルシートのように機械材料の成分や不純物元素の分析を行います。化学成分分析では試料の一部を採取して分析を行います。また機械材料がどれだけ大きくても分析する試料は少量のため、場所による成分のばらつき(偏析)がなく、分析する試料が適切に製品を代表している必要があります。

材料組織分析では機械材料のミクロ構造を直接的に観察・評価します。材料組織は各種顕微鏡を使用して数百から数万倍の倍率で分析を行います。材料組織分析は機械材料の品質管理以外に、疲労破壊で破損した破面解析などの分析にも使われます。

このように機械材料の試験方法や分析装置については様々な種類があります。

表1-5 機械材料の性質の分類

分類	試験･装置名
材料強度試験	引張試験 曲げ試験 硬さ試験 シャルピー衝撃試験 疲労試験など
化学成分分析	ICP-AES GD-OES 発光分光分析 原子吸光分析 ガス分析装置 FT-IR XPSなど
材料組織分析	光学顕微鏡観察 SEM-EDS EPMA EBSDなど

2. 引張試験

材料強度試験のなかでも引張試験は最も基礎的な試験です。引張試験の試験片や試験方法はJIS Z 2241金属材料引張試験方法に規定されています（**図1-5**）。

中心部が凹んでいる試験片に引張応力を負荷していき、応力やひずみを記録する試験です。引張試験によって得られる項目には下記のようなものがあります。

1）引張強さ (MPa)

材料が耐えられる最大の応力です。引張強さ以上の応力が負荷されると材料は破断します。

2）降伏応力 (MPa)

物体に力を加えていったときに、弾性変形の限界を超えて塑性変形が始まり、応力がそれ以上大きくならずに伸びが進む現象を降伏と言います。降伏が起きる直前の応力を降伏応力と言います。降伏が明確に現れない材料では、永久ひずみ（応力を除いても戻らないひずみ）が0.2％発生した時点の応力を耐力（0.2％耐力）と定義します。

3）ヤング率 (GPa)

降伏応力以下の応力における応力とひずみの関係であり、縦弾性係数とも言います。ヤング率が高いほど材料の剛性が高い、つまり変形しにくいという意味になります。

4）破断伸び（%）

材料が塑性変形を起こして破断するまでに伸びる量です。ひずみが大きい材料はよく伸びます。純度の高い材料や比較的軟らかい材料はひずみが大きい傾向にあります。

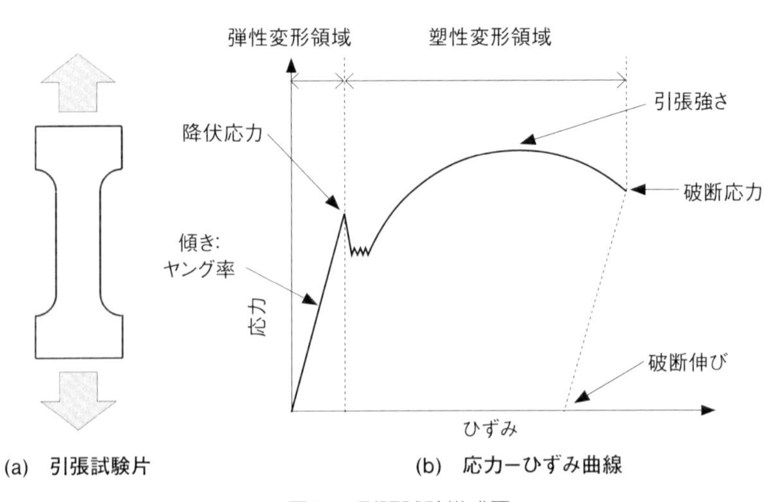

図1-5 引張試験模式図

3. 硬さ試験

硬さ試験も引張試験と同様に広く扱われる試験です。硬さは材料表面に硬い異物を押し付けた時の抵抗と表すことができ、硬い材料は傷か小さく、軟らかい材料は傷が大きく付きやすくなります。

硬さ試験の特徴として、比較的試験片形状が小さく(数mm角程度)、試験時間も短時間ですむことがあげられます。また、浸炭や焼入れなど熱処理鋼材の評価にも硬さ試験が使用されます。

硬さの試験としてJISではブリネル硬さ試験、ビッカース硬さ試験、ロックウェル硬さ試験、ショア硬さ試験の4種類が規定されています（図1-6）。

1）ブリネル硬さ試験　JIS Z 2243-1

比較的大きいサイズの圧子を使用して材料の平均的な硬さを測定します。

2）ビッカース硬さ試験　JIS Z 2244

測定原理はブリネル硬さ試験と同様ですが、圧子が小さく細かい位置の測定ができます。そのため熱処理の深さ方向の硬さ測定などに使用されます。

3）ロックウェル硬さ試験　JIS Z 2245

深さ方向から硬さを測定します。圧子が小さいので、ビッカース硬さ試験と同様に熱処理の深さ方向の硬さ測定などに使用されます。

4）ショア硬さ試験　JIS Z 2246

表面に落下させた球の跳ね返りから硬さを測定します。他の硬さ測定に比べると簡便ですが、測定精度は低いです。

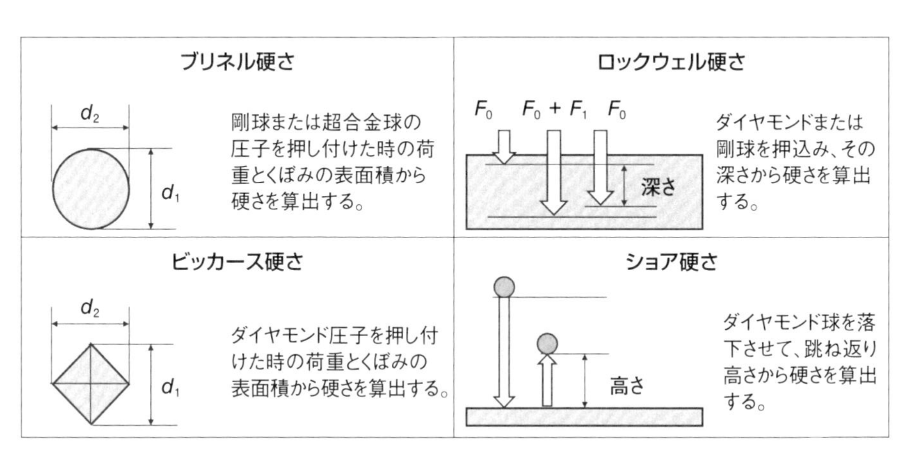

図1-6 各種硬さ試験の模式図

φ(@°▽°@) メモメモ

硬さ試験がいろいろとあるのはなぜ？

硬さ試験にはいろいろな試験がありますね。不思議に思われたのではないでしょうか。いろいろな試験法があるのは、硬さ試験法の開発の歴史的経緯からです。

硬さ試験で最も歴史があるのは、モース硬度計です。1800年代初頭から行われた、ダイヤモンド（モース硬度10）などで材料を引っかいて、傷の大きさで硬度を判定する試験です。現在も、鉱物の硬度を示す代表的な単位になっています。

金属材料で使われる各種の硬さ試験は、1800年中頃に検討が進みました。1900年にスウェーデンのブリネルが提案した押し込み型の試験がブリネル硬度試験です（**図1-7**）。

ほぼ同時期に、アメリカのショアが、傷を付けない硬度試験を設計しました。これがショア硬さとなっています。その後、1919年にアメリカのロックウェル兄弟が、オーストリアのルートヴィークの考案をもとに特許化したのがロックウェル試験で、1924年に英国のビッカース社が開発したのがビッカース試験です。それぞれブリネル試験よりも幅広い材料に適用できる試験として生み出されました。1939年にはアメリカのヌープがビッカース試験を改良したヌープ試験を開発しました。

このように、各国の研究者や技術者が試験法の開発を競ったことで、硬さ試験は高精度化するとともに、それぞれの試験法がその特徴を生かしながら改良が進められ、今日に至っています。

図1-7 ブリネル硬さ試験機

4. シャルピー衝撃試験　JIS Z 2242

引張試験や硬さ試験は比較的ゆっくり(静的に)材料に負荷をかける試験ですが、シャルピー衝撃試験は材料に一気に大きな負荷(衝撃)をかける試験です。シャルピー衝撃試験の試験片や試験方法はJIS Z 2242（金属材料のシャルピー衝撃試験方法）に規定されています。シャルピー衝撃試験は主に材料の靭性(じんせい：材料が破壊する時に粘り強く伸びること)や脆性(ぜいせい：材料が破壊する時に簡単に折れること)を評価する試験です（**図1-8**）。

試験片にはV字やU字の切り欠きがあります。そこにハンマーの自由落下による衝撃荷重を負荷します。試料は破壊され、ハンマーは再びある程度の高さに上がります。試料を破壊する前後のハンマーの高さ(または角度)から吸収エネルギーを算出します。

また、鉄鋼材料は強度や組織以外に温度によって材料の延性と脆性が変化します(**図1-9**)。延性と脆性が切り替わる温度を延性脆性遷移温度と呼びます。

シャルピー衝撃試験は主に金属材料の耐衝撃性試験に用いられます。プラスチック材料に関してはシャルピー衝撃試験に加えて、アイゾット衝撃試験（JIS K 7110）も用いられます。

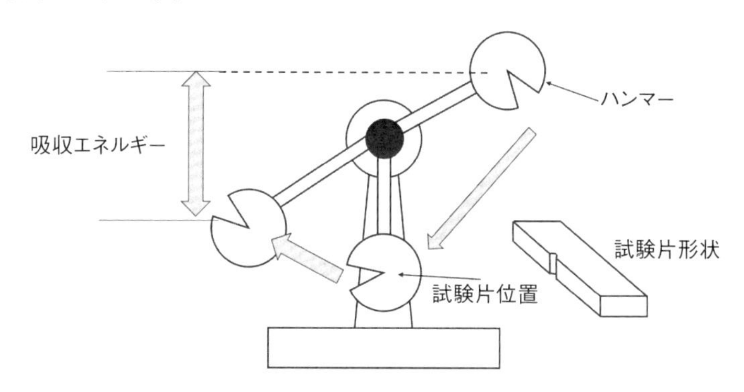

図1-8 シャルピー衝撃試験の模式図

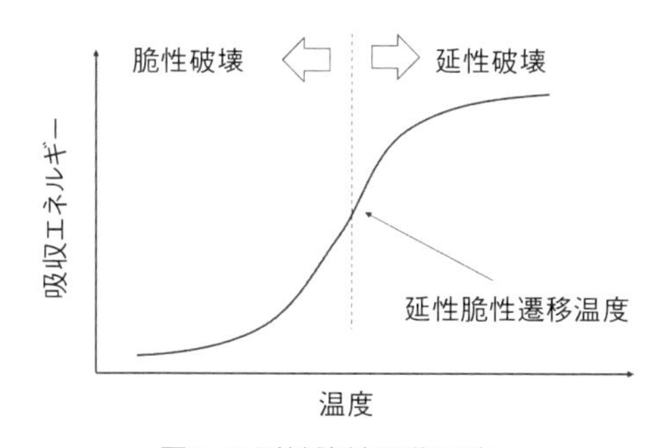

図1-9 延性脆性遷移温度

材料の化学分析の知識

化学分析

化学分析は材料の化学成分を検査・保証するために実施される。専用の機器を用いた機器分析を行う。材料の性能不足や腐食等の原因調査にも観察と化学分析を活用できる。

1．化学成分分析

機械材料にとって化学成分は非常に重要です。JISにおいても様々な合金が規格されていますが、その多くは化学成分の量が決められています。化学成分とは周期表に示されている炭素や鉄などの元素がどの程度含まれているかを分析します。この分析方法を定量分析と呼びます。それに対してどのような種類の元素が含まれているのか分析する方法を定性分析と呼びます。そして元素には固有の性質がいくつかあります。化学成分分析では元素固有の性質を利用して定性分析や定量分析を行います。

化学分析の装置は分析原理、分析元素、試料状態などによっていくつかに分類できます（表1-6）。

表1-6 化学成分分析装置

名称	略称	主な測定元素
誘電結合プラズマ発光分析 誘電結合プラズマ質量分析	ICP-AES ICP-MS	金属元素全般
グロー放電発光分析 グロー放電質量分析	GD-OES GD-MS	金属元素全般
スパーク放電発光分光分析	OES	金属元素全般
原子吸光分析	AAS	アルカリ金属など金属元素
炭素硫黄分析装置	−	炭素、硫黄
酸素窒素分析装置 酸素窒素水素分析装置	− −	酸素、窒素、水素
フーリエ変換赤外分光光度計	FT-IR	樹脂、ゴム、紙、繊維など
X線光電子分光法	XPS	ほぼ全ての元素

設計目線で見る「化学分析の知識が役立つ件」

化学分析は、化学に詳しい人の世界…というわけではありません。機械設計者にとっても、化学分析の原理を理解することや、分析装置を使いこなせることは非常に有用です。

①検査成績書や文献のデータをより正確に読み取ることができる

②不具合に迅速に対応する必要がある場合に、自分自身で観察や分析を行える

③外部機関に分析を依頼する場合に、適切な分析方法を指定できる

機械材料の分析は『機器分析』と言って、専用の装置を使用します。化学の専門知識がなくても扱うことは可能です。装置を扱うと一気に理解が深まりますので、機会があればぜひ取り組んでみましょう。

2．化学分析装置

化学成分を分析する装置はたくさんありますが、基本的な構成として大きく5つの工程があります（**表1-7**）。分析部は各装置によって様々な方法で試料中の元素を分離して、発光スペクトルなど元素特有の信号を放出させます。元素の性質は様々なので、各元素に合わせた手法がとられます。

表1-7 化学成分分析装置の構成

順番	名称	内容
1	試料導入部	試料を装置にセットする場所
2	分析部	試料中の元素を個別に放出させる場所
3	検出器	元素から発せられた発光スペクトルなどを検出する場所
4	データ処理部	発光スペクトルなどを濃度に変換する場所
5	出力部	PCモニタや印刷などの出力をする場所

化学成分分析装置の重要な分析方法として発光分析(発光分光分析とも呼びます)と質量分析があります。どちらの分析方法でも試料をプラズマやグロー放電など約5,000～10,000℃の高温に放出させます。発光分析では高温中の試料から発生する発光スペクトルを分析します。質量分析では高温中でイオン化した原子を分析します。これら分析方法は分析感度が高く、ppmからppbレベルの分析ができます。

1）ICP-AES、ICP-MS

試料を酸などに溶解して液体状にして、プラズマ中に噴霧させます。プラズマは高温のため元素は発光スペクトルを発生させたり、イオン化させたりします。ICP-AESでは発光スペクトル、ICP-MSではイオンを測定することによって元素分析します。金属の化学分析だけでなく、水質や土壌の不純物元素の分析などにも使用されます。

2）GD-OES、GD-MS、OES

板や棒状の試料にグロー放電(GD-OES、GD-MS)やスパーク放電(OES)をかけます。放電によって発光スペクトルを発生させたりイオン化させたりします。GD-OES、OESでは発光スペクトル、GD-MSではイオンを測定することによって元素分析します。

3）原子吸光分析

化学炎などを使用して約2～3,000℃中に試料を導入します。試料は原子化され光を吸収します。吸収される光の波長は元素ごとに固有のため、波長から定性分析、吸収量から定量分析を行います。アルカリ金属の分析を高感度に行うことができます。

4）炭素硫黄分析装置・酸素窒素水素分析装置

名前の通りそれぞれ試料中の炭素、硫黄、酸素、窒素、水素をppmレベルで分析する装置です。試料形状は小片や粉末です。炭素硫黄分析装置は酸化雰囲気、酸素窒素水素分析装置は不活性雰囲気で加熱して、目的の元素を放出させます。そして炭素、酸素はCOまたはCO_2、硫黄はSO_2、窒素はN_2、水素は水の形で分析します。CO、CO_2、SO_2、水は赤外線吸収法、N_2は熱伝導度法にて測定します。

5）FT-IR（Fourier Transform Infrared Spectroscopy）

赤外分光法の1種です。試料の赤外吸収スペクトルを測定することで構造解析や物質の定性分析を行います。まず光源からの光を固定鏡と移動鏡を使用して干渉波をつくります。この干渉波を試料に照射して反射や透過させます。それをフーリエ変換によって波数(cm^{-1})に変換し、赤外吸収(IR)スペクトルにします。金属元素の分析はできませんが、有機物、プラスチック、繊維、ゴムなどの分析を行います。

6）XPS（X-ray Photoelectron Spectroscopy）

試料表面にX線を照射して試料表面から光電子を放出させます。光電子は表面の数nmから放出されるため、極表面の元素や化学状態の定性分析が分析できます。そして光電子のエネルギーから定量分析ができます。他にも化学結合や価数などの分析もできます。また、イオンビームスパッタリングと組み合わせることで、試料の深さ方向の分析を行うこともできます。

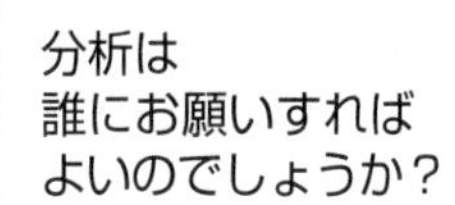

分析は
誰にお願いすれば
よいのでしょうか？

材料の不具合なら、
まずは材料供給者へ依頼しよう。
工業試験所や受託分析機関に
依頼することも考えられるね。
できれば、可能な範囲で、
自分で分析できるようにしよう。
材料の理解が深まるよ。

3. 光学顕微鏡観察

機械材料はJISなどの規格では化学成分によって種類が決められています。また、同じ化学成分でも熱処理によって引張強さなどの機械的性質が変化します。同じ材料でも機械的性質が変化するのは、熱処理によって機械材料のミクロ的な構造(材料組織)が変化するためです。機械材料の性質は化学成分だけでなく材料組織にも影響されます。材料組織には結晶粒径や析出物などが観察されます。これらが細かく微細になるほど機械的性質が向上します。

・光学顕微鏡観察の例

材料組織は光学顕微鏡によって観察することができます。具体的に鉄鋼材料のフェライト、パーライト、マルテンサイト組織なども観察できます。例として冷間圧延鋼板のSPCE(炭素量0.08%以下)と炭素鋼のS25C(炭素量0.25%)の材料組織を**図1-10**に示します。どちらの材料組織にも粒状の粒子が見られます。この粒が結晶粒です。サイズとしては数十μm程度です。このような白地の鉄鋼材料の組織をフェライト組織と言います。そしてS25Cには所々黒い箇所も見られます。この黒い箇所はパーライトと呼ばれます。鉄鋼材料は炭素量が増えると、このパーライトの量も増えていきます。このパーライトが増えることで硬さや強度も増加していきます。パーライトはセメンタイトと呼ばれる鉄と炭素の化合物とフェライトの層状組織となっています。

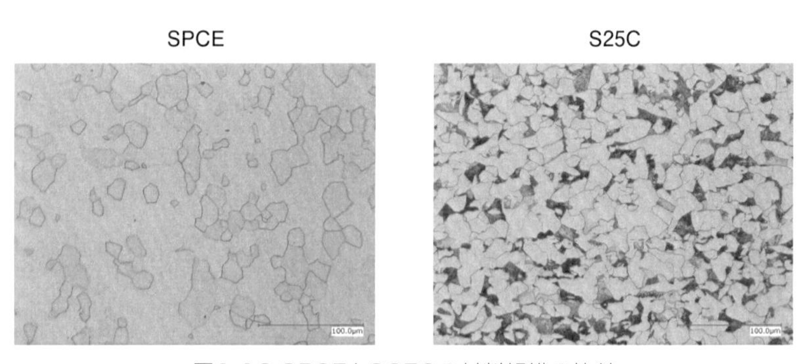

図1-10 SPCEとS25Cの材料組織の比較

材料組織は鉄鋼材料だけでなく、ステンレス鋼、アルミニウム合金、銅合金など全ての金属材料に見られます。しかし、材料組織は身の回りの金属を見て、目を凝らしても見えるものではありません。金属材料を鏡面になるまで研磨・琢磨を行い、エッチング液と呼ばれる特殊な溶液に浸すことで材料組織が表れます。エッチング液は塩酸や硝酸などの薬品が使われます。各種機械材料や合金によって様々なエッチング液が使用されています。

4．電子顕微鏡観察

光学顕微鏡による材料組織観察では、約1μm程度が限界となります。微細なパーライト組織や析出物を観察するには限界があります。また疲労破壊の起点となる可能性のある不純物介在物やボイド、溶接欠陥などはただの点にしか見えないことが多いです。

このような1μm以下の微細な組織を観察するためには、電子顕微鏡が効果的です。電子顕微鏡にはいくつか種類がありますが、一般的な電子顕微鏡にSEM(Scanning Electron Microscope)があります。光学顕微鏡とSEMの比較を**表1-8**に示します。SEMの方が光学顕微鏡よりも高倍率に組織観察できます。また、SEMは破面のような凸凹した表面でもきれいに観察することができます。例として**図1-11**に延性破面と脆性破面のSEM像を示します。延性破面の細かい突起や脆性破面の粒界の跡などが観察できます。

表1-8 光学顕微鏡とSEMの比較

項目	光学顕微鏡	SEM
光源	フィラメント(電球)	電子銃
倍率	5～1,000	50～50万
観察限界(分解能)	1～0.5μm程度	数十nm程度
焦点深度	浅い	深い
試料室の環境	大気開放	真空
試料の導通	不要	必要
試料サイズ	～100mm程度	～30mm角程度

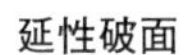

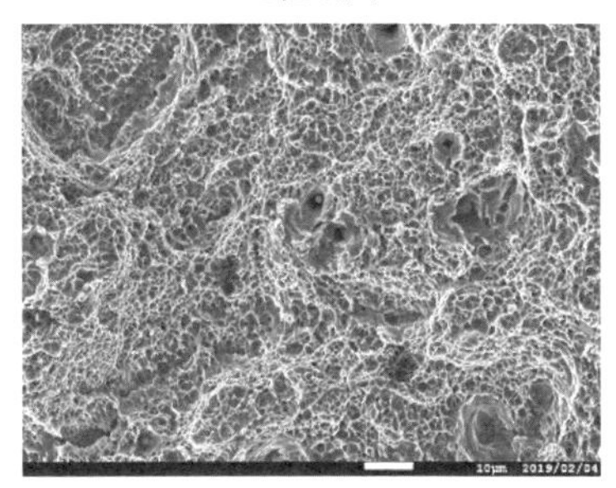

脆性破面

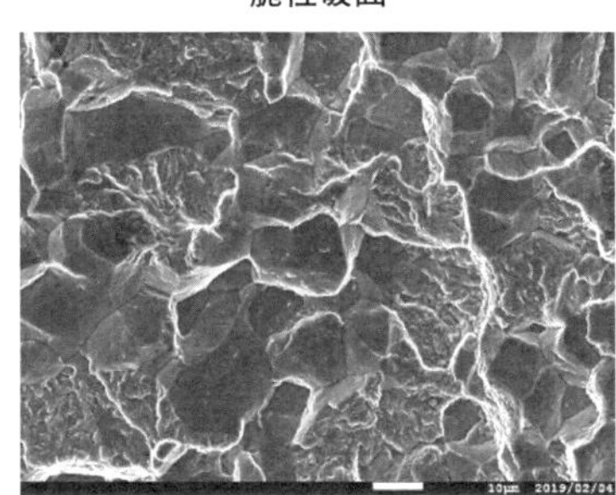

図1-11 延性破面と脆性破面のSEM観察

1）EDS（Energy Dispersive Spectroscopy）と EPMA（Electron Probe Micro Analyzer）

材料組織は単に状態や形態を観察するだけではなく、析出物や不純物介在物などの成分をピンポイントで分析することがあります。SEMは試料に電子線を照射して観察していますが、そこに分析器を設置することで、観察と分析を同時に行うことができます。SEMに設置される分析器としてEDSとEPMA(WDS)があります。

試料に電子線を照射すると二次電子や反射電子の他に特性X線が放出されます。EDSとEPMAはどちらもこの特性X線を検出して、微小領域の化学成分を分析する装置です。EDSは特性X線をエネルギーとして検出し、EPMAは特性X線を波長として検出します。EDSはSEMに設置されたときにSEM-EDSとして呼ばれます。EPMAはそのまま装置名になります。EPMAの分析器をWDSと呼びますが、装置名であるEPMAの方が一般的な呼び名となっています。EDSとEPMAは、それぞれ特徴があり、EDSは短時間で簡単な分析を得意とし、EPMAは反対に時間をかけた詳細な分析を得意とします（**表1-9**）。

表1-9 EDSとEPMAの比較

項目	EDS	EPMA
検出物質	特性X線	特性X線
検出器	半導体検出器	分光結晶
測定原理	エネルギー分散型	波長分散型
測定時間	早い	遅い
測定精度	低い	高い

特性X線は元素固有のX線です。X線の波長やエネルギーから定性分析を行い、X線の量から定量分析を行います。EDS、EPMAどちらも分析内容は共通しています（**表1-10**）。

定性分析では元素を特定します。定量分析ではどの程度含まれているか分析します。そして線分析や面分析によって、元素がどのような分布をしているか観察します。これらの分析はSEM像やCOMPO像（組成コントラストで形成された像）を観察しながら行うので、組織観察と同時に成分分析もできます。

表1-10 EDSおよびEPMAの分析内容

項目	内容
定性分析	どのような元素が含まれているか分析する。 未知試料の分析に使用される。
定量分析	各元素の組成を分析する。 固溶体の組成や化合物相などの分析に使用される。
線分析	一定の直線範囲における各元素の組成の変化を分析する。 亜鉛めっき鋼板の亜鉛と鉄の組成の分析などに使用される。
面分析	観察視野における各元素の分布を分析する。 亜鉛めっき鋼板の亜鉛と鉄の分布の分析などに使用される。 線分析を視覚的に表現した分析方法である。

2) EBSD (Electron Back-Scatter Diffraction)

材料組織の分析は近年ではとても多様化しています。それは結晶粒径や析出物の観察や分析だけではなく、材料組織の結晶方位、集合組織、結晶構造などの分析も要求されてきています。これらの特性には単なるSEM観察や化学成分を分析するEDS、EPMAだけでは対応できません。このような材料組織の結晶解析分析のためにEBSDがあります。

EBSDの模式図を示します（**図1-12**）。

SEM内にて試料を約70°に傾けます。そして試料表面のわずか数十nmから発生する回折パターンをカメラで撮影し、その回折パターンから組織評価を行います。回折パターンが極表面から発生するため、EBSDは試料の表面のひずみ、酸化膜、汚れやキズなどに非常に敏感です。

そのため、コロイダルシリカ、イオンミリング法、電解研磨などを使用した高い鏡面仕上げが求められます。

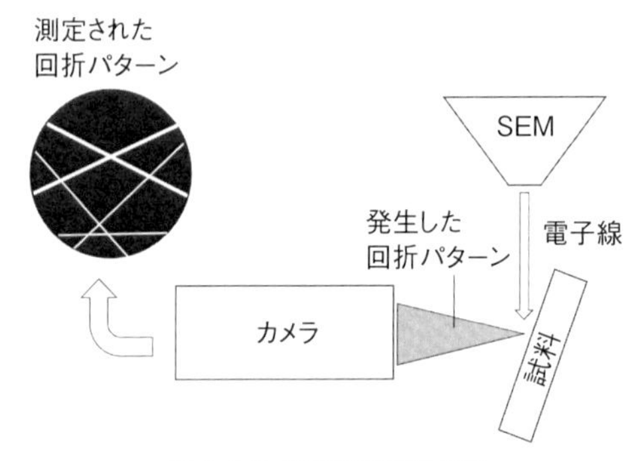

図1-12 EBSDの模式図

EBSDによって得られる組織評価の例を示します（**表1-11**）。

結晶粒径のマップ(組織写真)以外にもマルテンサイト、残留オーステナイトなどを区別する相マップ、圧延組織の結晶粒の向きなどを分析するIPFマップなどがあります。EBSDはEDSやEPMAと合わせて組織分析することで、組織をより深く調査することができます。

表1-11 EBSDから得られる情報

・Boundary（結晶粒界）マップ
・Phase（相）マップ
・IPF（Inverse Pole Figure:逆極点図）マップ
・極点図
・結晶粒径分布のグラフなど

第1章　4
機械材料選択のポイント

機械材料の選択のポイント

機械材料の選択は、①機械部品に求められる要求機能の洗い出し、②4M視点での材料要求の明確化、③要求を満たす材料の探索、③QCDES視点での材料選択、がポイント。

1．材料選択のポイント

機械設計において、材料を選ぶときにどのようなことに注意するべきでしょうか？そのポイントは次の4つです。

1）機械部品の要求機能を洗い出す
2）4Mで材料への要求を明確にする
3）要求を満たす材料を複数見つけ出す
4）QCDESで材料を選択する

1）機械部品の要求機能を洗い出す

まずはその機械部品に何が求められるかを、十分に洗い出すことが大切です。ここが抜けてしまうと、せっかく考えた設計形状も材料も加工法も、無駄になってしまう恐れがあります。

自分自身がその部品になったつもりで考えてみましょう。機械の中でどのような役割を果たすのか。どのような動作をするのか。どのようなストレスがかかるのか。どのような環境で使用されるのか。どのくらいの寿命が求められるのか。メンテナンスはどのようにするのか。どんな故障が起こりそうか（図1-13）。

すると、不明な点がいくつも見つかります。発注者から聞いていない点もたくさんあるはずです。発注者へ確認したり、文献等を調べたりして不明点をつぶしていきます。どうしても不確定になってしまう部分も見つかります。その部分は、設計前の事前検証や、試作後の評価項目などで確認できるようにしておきます。このようにして、機械部品の要求機能を明確にしていきます。

図1-13 機械部品に求められる機能の検討

2)　4Mで材料への要求を明確にする

機械部品への要求機能が明確になったら、材料の要求項目を考えていきます。この時に、材料だけでなく、4Mの視点で考えます。4Mとは、Man（人）、Machine（機械）、Material（材料）、Method（方法）を合わせたものです。形状設計をMethod（方法）に含めます。例を見てみましょう。

①棒状の部品の引張り方向と曲げ方向のストレスへの耐久力が求められる場合

材料の引張強度や曲げ強度（材料）と、断面形状の設計（方法）が要求項目となります。材料特性での対応と、形状での対応という選択が可能となります。

②複雑形状の部品をはめ合わせる組立部品を数多くつくる必要がある場合

熟練した組立作業者（人）、はめあい部位の寸法精度（材料、機械）、組立作業がしやすい形状設計（方法）が要求項目となります。はめあい部位の寸法精度を得るには、寸法精度の高い材料を選ぶ方法と、加工精度の高い加工機を使用するという方法があります。

このように、機械部品の要求機能は、材料の選択だけではなく、4Mの視点の組み合わせで考えることで、要求を満たす手段に選択の幅が生まれます。その上で、それぞれの手段における、材料の様々な特性（**表1-12**）に対する要求レベルを明確化していきます。

表1-12 機械材料の様々な特性（表1-4の再掲）

分類	性質
機械的性質	引張強さ(MPa) 降伏応力(MPa) 耐力(MPa) 伸び(%) 絞り(%) ヤング率(GPa) 剛性率(GPa) 硬さ(HB、HV、HRCなど) 衝撃値(J) 靭性　など
物理的性質	密度(g/cm^3) 融点(Kまたは℃) 熱伝導率(W/m･K) 線膨張係数(1/K) 電気抵抗率(Ω･m) 磁性　など
化学的性質	耐食性 酸化状態 可燃性、燃焼性　など

3) 要求を満たす材料を複数見つけ出す

材料への要求が明確になったら、材料の探索に進みます。過去に使用実績のある材料で要求を満たすことができるのであれば、確かに安心して選択することができます。しかし、実績があるというだけで選択するのでは不十分です。世の中には、数えきれないほどの種類の材料が存在していますし、素材メーカーの研究開発によって新しい材料も次々に生み出されています。一歩踏み込んで最適な材料を探す取り組みが重要です。

探索の方法としては、素材メーカーの製品情報の入手、素材メーカーや商社への探索依頼、他の設計者へのヒアリング、類似の製品設計に関する論文の確認などがあります。

いずれの場合も、その材料がどのような材料なのかを正しく識別することが必要です。素材メーカーから得られる情報にはデータのない項目があったり、独自の評価方法によるデータであったりと、横並びに比較できないことも多くあります。

JIS規格の情報は、材料の識別に役立ちます。JISでは、材料の種類とそれを表す記号が体系化されています。化学成分、機械的性質、外観（表面の仕上げや欠陥）、形状、試験や検査の方法、などが規定されています。JIS規格を共通の評価軸として、その材料はJISの材料記号でどのように示されるのか？規格を満たすのか？というように、共通の基準にしていくことができます。材料を入念に探索することで、複数の選択肢を見つけることができるでしょう。

本書で紹介する様々な材料の情報は、JIS規格に紐づけて解説していますので、材料選択に有効に活用することができます。

φ(@°▽°@) メモメモ

材料の化学成分や市場価格の情報を入手するには？

材料の化学成分の情報を得るには、日本産業標準調査会（JIS検索）のホームページが役立ちます。材料の最新の市場価格を知りたい場合は、鉄鋼新聞や、鋼材ドットコムなどのウェブサイトで入手することができます（**表1-13**）。

しかし、知っておいてほしいことは、材料の市場価格動向は必ずしも実務に役立つとは限らないということです。材料の価格は、自社の使用量や、供給者と自社との関係性などによって、大きく変化します。市場価格はあくまで参考情報と考えましょう。

表1-13 最近の相場一覧〔鉄鋼新聞2021年12月時点の問屋中間相場（東京）から抜粋〕

材質	炭素鋼（SC材）	ステンレス鋼板（SUS304）	アルミ材（A5052P）	黄銅丸棒
円／トン	110,000	400,000	765,000	950,000
価格比（参考）	1	3.1	5.9	7.3

4) QCDESで材料を選択する

要求項目を満たす材料の複数の選択肢が見つかったら、最終的に材料の選択を行います。ここでは、QCDESの視点を考えます。これは、Q（品質）、C（コスト）、D（納期）、E（環境）、S（安全）の頭文字をとったもので、製品の良し悪し判断するために有効です。これを、選定する材料に当てはめます。

品質は、まさに材料の要求項目を満たすかどうかです。コストは、材料の価格と、入手した材料の加工コストも考慮します。納期は、発注した材料の納期や、入手した材料の加工のリードタイムを考慮します。環境は、購入する材料の製造過程や加工や製品の使用段階における環境負荷の度合いです。安全は、材料の保管や加工や製造した製品の使用における安全性の確保です。

設計目線で見る「材料選択の最大のポイントな件」

QCDESで材料を選択する最大のポイントは『複数の選択肢を持つこと』です。選択肢がなければ、そもそも選ぶことはできず、一択となります。申し分のない材料選択としての一択であればよいですが、モノづくりはそんなに甘くはありません。4Mの視点でも、QCDESの視点でも、必ず不十分な点があるはずです。使いにくいけど選択肢がないから選ばざるを得ない、という状況を放置しては、満足のいく設計を行うことできません。

地道な材料探索の過程は、機械設計の業務において目立つものではありませんが、積み重ねていくことによって、材料の知識がしっかりと身についていき、設計業務において大きな力になります。

設計目線で見る「材料選択の先入観を捨てるべき件」

あるガラスメーカーに行った際、生産技術担当者と話をしていると生産用の治具（じぐ）をガラスで製作していると聞きました。「えー！ SS400などの安い材料で作るのが普通じゃないですか？」と話をしたところ、「うちの工場は溶けたガラスが腐るほどあるので、取り扱いに慣れているガラスを使った方が早いんですよ」とのこと。そこで初めて目からうろこが落ちました！

一般企業で、ガラスで簡単な治具をガラスで作ると言った場合、コストと納期の問題で上司は許可をしてくれません。ガラスメーカーの場合、鉄鋼を削るくらいなら溶けたガラスを使う方が手っ取り早いんですね。つまりQCDさえ満足できれば材料選択は臨機応変に考えればよいのです。

φ(@°▽°@) メモメモ

材料は安ければ安いほどよい？

材料は、価格が安ければ安いほどよいというものではありません。相場よりはるかに価格の安い材料は、本当に仕様通りのものであるかどうか、疑いの目をもって見ることも大切です。

また、材料を購入してから加工に掛かるコストを考えることも大切です。自社の加工機を長時間稼働させるよりも、多少高くても加工ずみの材料を購入して工程を減らす方が、トータルコストダウンや納期短縮のメリットが大きい可能性もあります！

第1章	5	強度設計から見る材料選択

強度設計とは

材料力学や材料学などの工学知識、評価技術や顧客理解などの実務ノウハウを活用し、変形や破壊を起因とする強度上のトラブルを未然に防ぐ設計の進め方。

強度上のトラブルは怪我などの重大な問題につながることがあります。設計者は入念に検討を進め、壊れない製品を設計することが求められます。精度の高い強度設計を行うためには、広範囲に渡る知識やノウハウが必要ですが、基本的な考え方自体は非常にシンプルです（**図1-14**）。

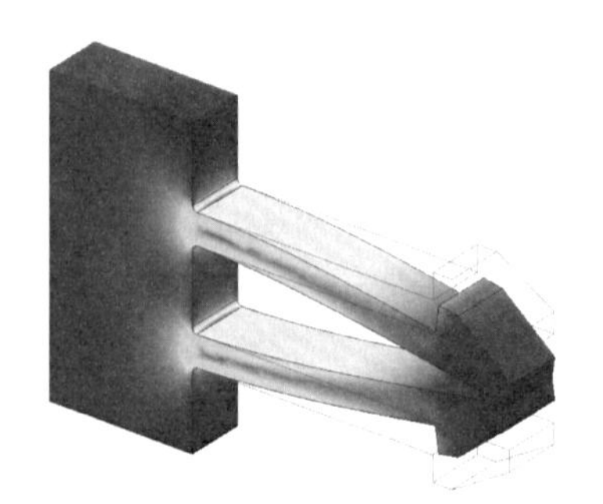

壊れない製品を設計するためには…
製品に発生する応力＜材料強度

図1-14 強度設計の基本的な考え方

製品に荷重がかかると応力が発生します。その発生応力よりも材料強度が大きければ、製品は壊れません。この当たり前のことを実現するために、形状の設計や材料選択を行っていきます。とても簡単なことのように思えますが、実務でやろうと思うと一筋縄ではいきません。

それでは、強度設計において適切な材料選択ができるように、次の項目について見ていきましょう。

1. 製品に発生する応力
2. 材料強度
3. 基準強度

1．製品に発生する応力

応力は製品に荷重が加わることによって生じます。荷重にはいくつかの種類があり、荷重の大きさが同じでも、製品に生じる応力は異なります（**表1-14**）。まずは、製品にどのような荷重が加わるのかをしっかりと把握しましょう。

表1-14 荷重の種類と発生応力

分類		製品に発生する応力	性質
引張		$\frac{F}{A}$	F：荷重 A：断面積
圧縮		$-\frac{F}{A}$	F：荷重 A：断面積
曲げ		$\frac{\lvert M_B \rvert_{max}}{Z}$	M_B：曲げモーメント Z：断面係数
せん断		$\frac{F}{A}$	F：荷重 A：断面積 ※応力分布が一様と仮定した場合
ねじり		$\frac{T}{Z_P}$	T：ねじりモーメント Z_P：極断面係数

φ(@°▽°@) メモメモ

製品の使われ方

製品に発生する応力を見積るためには、製品の使われ方をしっかりと把握することが重要です。特に一般消費者向けの製品の場合、設計者が意図していないような誤使用も十分に考えられます。製造物責任法においては「予見可能な誤使用」と考えられる使い方で拡大被害（怪我など）が生じた場合、賠償責任を負うとされています。したがって、「予見可能な誤使用」の場合に生じる荷重で問題が生じないような強度設計を行わなければなりません。

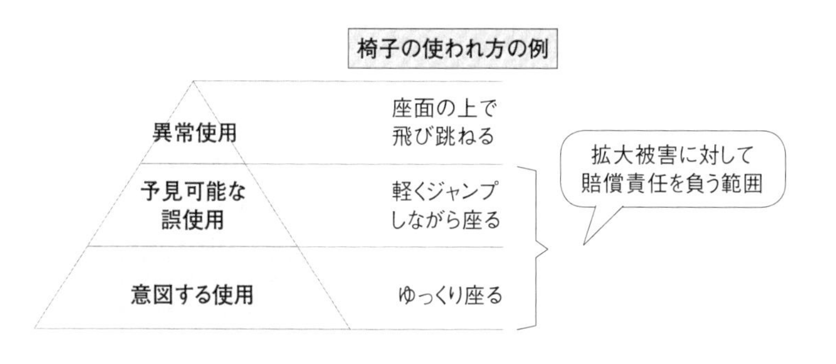

2. 材料強度

製品に発生する応力よりも大きな材料強度を持つ材料を選択すれば、製品は壊れません。一方、材料強度にはたくさんの種類があるため、その中から適切なものを選定する必要があります（図1-15）。

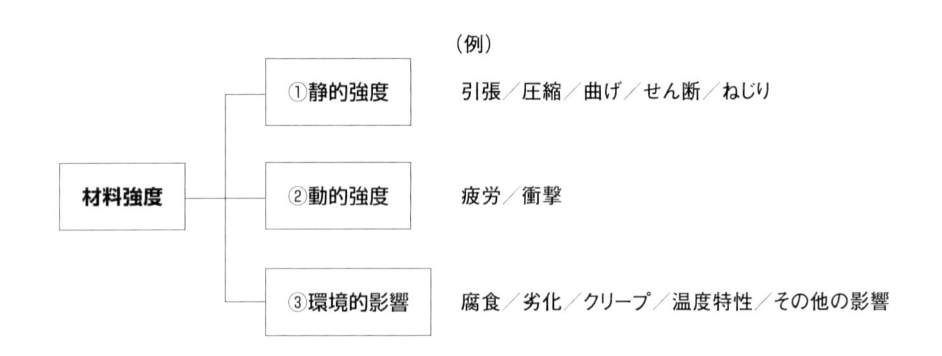

図1-15 材料強度の種類

1）静的強度

時間軸で大きく変動しないような荷重を静的荷重と言います。静的荷重を与えたときの材料強度が静的強度です。荷重の種類ごとにそれぞれ静的強度があります。例えば引張荷重であれば引張強さ、圧縮荷重であれば圧縮強さです。材料力学の基礎的な強度計算式は、荷重が静的荷重であることが前提条件になっています。

2）動的強度

時間軸で変動するような荷重が動的荷重です。動的荷重を与えたときの材料強度を動的強度と言います。繰り返し荷重を与えたときの疲労限度が代表的です。疲労限度とはいくら繰り返し数を増やしても破断しない応力のことです。一般に材料は静的強度より動的強度が小さく、例えば疲労限度は引張強さの20～60％程度しかありません。

3) 環境的影響

静的強度も動的強度もある特定条件における材料強度を示しています。しかし、材料強度は温度や湿度、化学物質の影響、経年劣化などにより変化します。したがって、製品の使用環境条件によっては、同じ引張強さを評価する場合でも異なった値を使用しなければなりません。例えばナイロンはとても吸水しやすい材料で、吸水すると引張強さが半分程度に低下します。

3. 基準強度

材料強度にはいろいろな種類があることがわかりました。強度設計においては、たくさんある材料強度の中から適切なものを選定する必要があります。このように強度設計時に選定する材料強度のことを基準強度と言います。例としてステンレス鋼の基準強度を静的強度、動的強度、環境的影響に分けて示します（図1-16）。

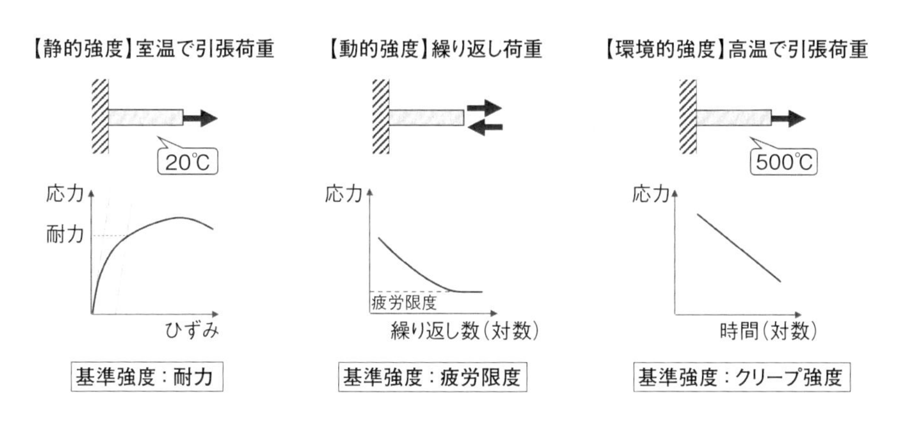

図1-16 ステンレス鋼の基準強度の例

基準強度は材料特性や製品への要求、使用環境条件などによって、何を選ぶべきかが変わります。鉄鋼材料にゆっくり引張荷重が加わったときの基準強度の取り方の例を見ていきましょう（図1-17）。

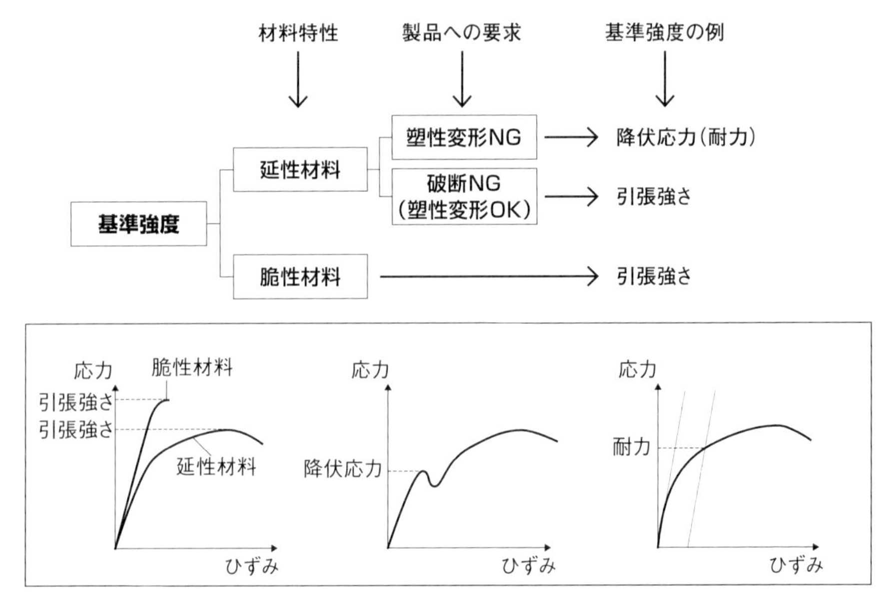

図1-17 ゆっくり引張荷重が加わったときの基準強度の例

延性材料の場合、製品の壊れ方は2通りあります。破断した時点で壊れたと考える場合と塑性変形した時点で壊れたと考える場合です。これはどちらが優れているということではなく、製品の強度に関する要求によって決まります。製品の使われ方の視点で言うと、設計者が意図するような使用方法の場合、一般に塑性変形は許されないはずです。このような場合は降伏応力または耐力を基準強度として採用します。一方、予見可能な誤使用の場合は、拡大被害さえ防ぐことができればよいと考えることができます。したがって、塑性変形は許容するが破断してはいけないという要求にすることが可能です。このような場合は引張強さを基準強度として採用します。

脆性材料の場合は、ほとんど変形せずに破断してしまいますので、降伏応力（耐力）がありません。したがって、基準強度には引張強さを採用します。

設計目線で見る「強度設計を考慮した材料を選択する件」

機械材料には延性（えんせい）材料と脆性（ぜいせい）材料があります（表1-15）。強度設計上、どちらの材料が望ましいでしょうか。

表1-15 延性材料と脆性材料の例

延性材料	低炭素鋼 ステンレス鋼 アルミニウム合金 ナイロン
脆性材料	鋳鉄 ガラス セメント ポリスチレン

脆性材料はほとんど前兆なく壊れてしまうことや、衝撃荷重に弱いことなどから強度上のリスクが高い材料です。可能な限り延性材料を使用するようにしましょう。

両者を厳密に区別することはできませんが、応力－ひずみ曲線を見たときに、曲線が囲む面積が大きい材料が延性材料です。ただし、脆性材料は特殊な特性を持ち他に代替ができない材料が多いことから、使用せざるを得ない場合もあります。そのようなときは、大きな荷重が加わらないように工夫したり、壊れたときに重大な影響がないような配慮をしたりすることが重要です。

φ(@°▽°@) メモメモ

リコール／製品事故事例

強度設計上のトラブルはリコールや製品事故などの重大な事象に発展することがあります。たくさんの事例が公的機関のホームページで公開されていますので、ぜひチェックしてみてください。スキルアップの一番の近道は「人の振り見てわが振り直せ」です。

リコール／製品事故が検索できる公的機関

nite（製品評価技術基盤機構）　https://www.nite.go.jp
消費者庁 リコール情報サイト　https://www.recall.caa.go.jp
経済産業省　製品安全ガイド　https://www.meti.go.jp/product_safety
国土交通省　自動車のリコール・不具合情報　https://www.mlit.go.jp/jidosha/carinf/rcl

設計目線で見る「あえて壊すという選択肢も知っておきたい件」

機械設計は、常に強度を考えて、変形しにくいように壊れないように安全率を設けて設計することが一般的です。

しかし、想定外の負荷（システムの誤動作による暴走や外部からの衝突など）が生じた際に、ある特定の部分を壊すことで人や機械の安全を確保することもできます。

身近な製品では、自動車の衝突安全ボディのように、衝撃が加わったときにフレームの特定箇所が座屈することで、乗員に対する衝撃を緩和するものです。つまり、電気回路でいうヒューズの役割と同じですね。

衝撃などの大荷重がかかる方向を考えて、構造物に次のような細工を施すこともあります。

・破壊したい部位に強度の弱い材料を用いる
・破壊したい部位の肉厚を極端に薄くする
・破壊したい部位に溝などの切り欠きを設ける

第1章　6

加工技術から見る材料選択

加工技術

加工技術は、切削加工、塑性加工、造形加工に分類できる。
様々な加工技術について理解を深める事で、より適切な材料選択が可能になる。

1．理解しておきたい加工技術

機械材料をどのように加工するかによって、材料に求める内容が変わります。加工技術についてよく理解しておくことは、材料をうまく選択するためにも大変重要です。

機械材料で用いる主要な加工には、除去加工、成形加工、付加加工があります（**図1-18**）。

加工技術の分類は様々な観点で異なる分類が可能ですので、1つの例としてとらえて下さい。

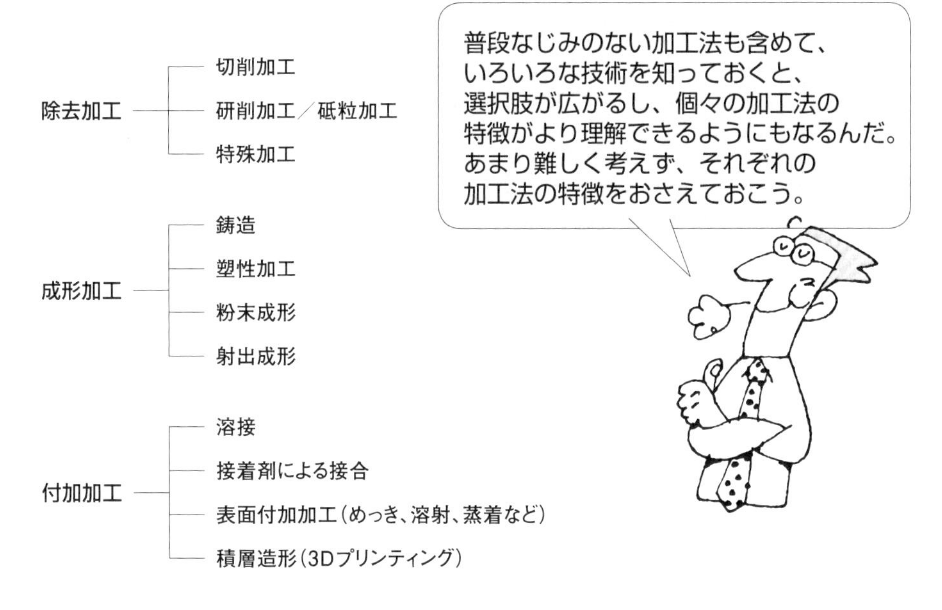

除去加工
切削加工
研削加工／砥粒加工
特殊加工
成形加工
鋳造
塑性加工
粉末成形
射出成形
付加加工
溶接
接着剤による接合
表面付加加工（めっき、溶射、蒸着など）
積層造形（3Dプリンティング）
普段なじみのない加工法も含めて、いろいろな技術を知っておくと、選択肢が広がるし、個々の加工法の特徴がより理解できるようにもなるんだ。あまり難しく考えず、それぞれの加工法の特徴をおさえておこう。

〔出典:山口克彦、沖本邦郎（編著）『材料加工プロセス－ものづくりの基礎－』、共立出版、2000 p,5 表1.2に一部加筆〕

図1-18 加工技術の分類

2．切削加工とは

切削加工は、切削工具を用いて加工対象物を削る加工技術です。除去加工とも呼ばれます。対象物を回転させる旋削加工や、工具を回転させるフライス加工、対象物にドリル工具などで穴をあける穴あけ加工などがあります。コンピュータ制御を行うNC、工具の自動交換が可能なマシニングセンタなど、機械化・自動化が進んでいます。

1）切削加工の原理

切削加工は、加工物の表面と工具とを高速で接触させて、工具の刃先で加工物の表面を削り取ります。切削工具のすくい面によって切りくずを持ち上げて逃がします。逃げ面は工具と加工面の摩擦を軽減するとともに加工面の反力で加工をアシストします。そのため、切削工具のすくい角と逃げ角は加工仕上がりに大きく影響します（図1-19）。

それ以外にも、工具の硬さ、加工速度、切り込み量、切削油の種類や温度などが、加工精度や加工面の表面仕上がりを左右し、工具の寿命にも影響します。

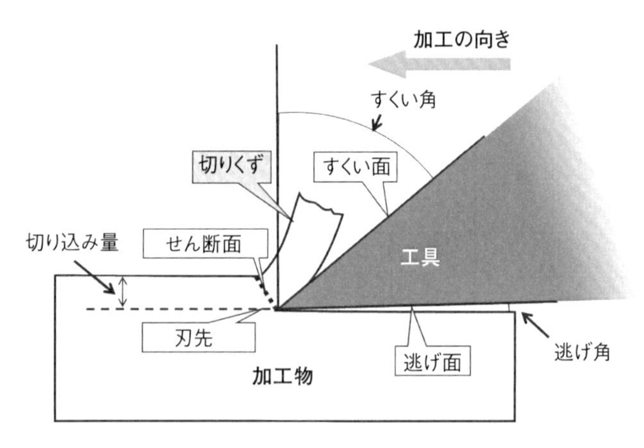

図1-19 切削加工の概要

■D(￣ー￣*)コーヒーブレイク

除去加工と言えば…

大工さんが使う、“かんな”や“のみ”も、除去加工です。
砥石を使って材料を削る研削加工や研磨加工も、除去加工ですね。

設計目線で見る「切削加工に適した材料を知っておきたい件」

切削加工が全くできない材料はほとんどありませんが、「加工しやすい・しにくい」という差はあります。加工しやすい材料の特徴としては「硬すぎない」、「脆（もろ）すぎない」、「軟らかすぎない」、「熱伝導性が良い」という点が挙げられます。

切削加工をするためには材料よりも硬い工具が必要となり、硬い工具ほど高価になります。材料が硬いほど工具の寿命も短くなります。脆すぎる材料は狙いの形状通りに加工することが難しくなります。ゴムのような弾性率が低く変形しやすい材料は、加工面が荒れやすくなります。熱伝導性の悪い材料は、加工による発熱で材料や工具がダメージを受けたり焼き付きが起こったりしやすくなります。

切削加工をしやすくするには、最適な工具と加工条件を選択するとともに、加工しやすい材料を選択することも重要です（図1-20）。高速度鋼は、耐熱性を高めることによって、加熱・発熱に耐えて高速加工することを可能にした鋼材です。快削鋼は、硫黄成分等を添加して被削性を良くした鋼材です。

図1-20 上手く切削加工するには?

φ(@°▽°@) メモメモ

硬い材料を加工する工具を作るには？

切削工具に絶対的に求められることは、加工材よりも硬いことです。加工材と同じくらいの硬さだと、工具も一緒に削れていってしまいます。例えばステンレスを削るには、超硬合金などが使われます。超硬合金は炭化タングステンや鉄などを焼結して作るとても硬い合金です。さらに、表面に硬質コーティングをして硬度や耐摩耗性をアップさせる場合もあります。

それでは、超硬合金を加工する工具を作るためには、どうすればよいでしょうか？

答えは、もっと硬い工具を使います。超硬を削るには、ダイヤモンドや、サーメットという窒化チタン系の非常に硬い焼結材、またはそれらのコーティング材などが使われます。ちなみに、サーメットという言葉は「セラミックス+メタル」からきています。

ものすごく硬い材料は、素材自体が高価なものが多いですが、工具も高価になりますので、切削加工をするとさらにコストアップします。そうなると、切削で加工するのではなく焼結で成形した方がよいかな？などと考えることもできますね。

3. 塑性（そせい）加工とは

塑性加工とは、材料に大きな力を加えて塑性変形をさせる加工技術です。プレス加工、圧延加工や、鍛造、深絞り、引抜などの加工法があります。
プレス加工は、高速に、高い寸法精度で加工できるため、広く用いられます（**図1-21**）。

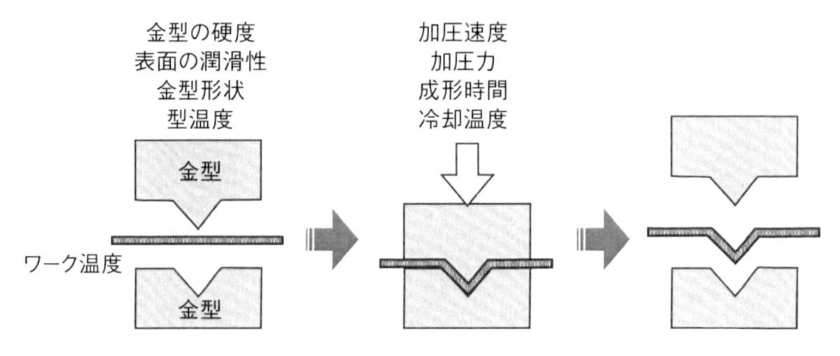

図1-21 塑性加工（プレス加工）の原理

1）塑性加工の原理

塑性加工は、金型などを押し当てて加工を行います。材料が塑性変形するためには非常に大きな力を与えます。また加工物や金型を加熱することで加工しやすくなり、塑性変形後に冷却することで形状を安定させることができます。
加工条件としては、金型硬度、金型潤滑性、金型形状、金型温度、加圧力、加工速度、成形時間、冷却温度などがあります。これらの条件が、成形後の寸法精度や、曲げの角度、成形面の外観、金型寿命などに影響します。切断加工の場合は金型（パンチとダイ）の隙間の幅が加工断面の仕上がりに影響します。また金属材料の場合は、塑性加工によって材料を硬化させることがあります。ピアノ線の引抜加工では、線材へ成形と強化を同時に行っています。

■D(￣ー￣*)コーヒーブレイク

鍛冶職人は鍛造のプロ

刀剣や包丁を作る鍛冶（かじ）職人。金属を加工することを冶金（やきん）と言います。鍛冶は、鍛造で金属加工をするという意味です。

鍛冶職人は、加熱した材料をハンマーで繰り返し叩いて成形します。叩いて伸ばすことで、伸ばす方向に組織の配列が揃うとともに、金属の組織の微小なすき間がつぶれて転位とよばれる金属結晶の欠陥が多数形成されます。転位が増えるほど、刃物は強靭になっていきます。

さらに時代をさかのぼると、紀元前15世紀ごろのヒッタイトという国で、鉄を鍛造して強い鉄剣や農工具を作る技術が生まれたと言われています。金属材料組織の特徴を生かした加工技術は、大昔から利用されていたんですね。

設計目線で見る「塑性加工に適した材料を知りたい件」

塑性加工には塑性材料が適します。塑性とは、力を受けたときに変形して、力がなくなっても変形したままの状態になるという特徴です。押し伸ばすことができる展性や、両端から引き伸ばすことができる延性は、塑性の一種です。多くの金属材料の他、加熱して軟化した熱可塑性プラスチックやガラスなども塑性加工に適しています。

セラミックスなどの硬くてもろい材料は塑性加工をすることができません。またゴム材のように弾性変形しやすい材料も加工できません。金属材料も弾性変形しますので、塑性加工の難しさの要因となります。切断面の荒れや、鍛造の形状不良や、曲げ加工のスプリングバック（設計よりも曲げ角度が浅くなる現象）などを起こしやすくなります。

加熱して塑性加工を行う場合、熱膨張による寸法変化が大きい材料は加工寸法精度が悪くなったり、金型が外れにくくなったりします。材料の線膨張係数に注意が必要です（図1-22）。

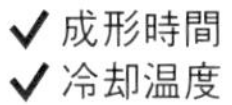

✓塑性を有する
ー展性、延性がある
✓弾性があまりない

大きすぎない

図1-22 上手く塑性加工するには?

弾性変形と塑性変形は、どちらか一方だけが起こるんですか？

多くの材料では、力を加えると弾性変形して、さらに力を加えると塑性変形するので、同時に起こっているといえるね。加圧をやめたときに、弾性変形分は形状が戻って、塑性変形分は戻らないんだ

4．接合技術（溶接、接着など）

接合技術は、複数の部品同士を組み合わせて固定することで一体化させる加工法です。加工した材料を組付けるには、様々な接合技術が用いられていますので、接合技術について理解を深めておくことも大切です。物理的接合、化学的な接合の観点で図示しました（図1-23）。

物理的な接合は、はめあいやねじ、ボルトなどによって機械的に連結する方法です。化学的な接合には、溶接、圧接、ろう付け、接着などがあります。溶接は、母材を熱エネルギーで溶かして接合する方法です。

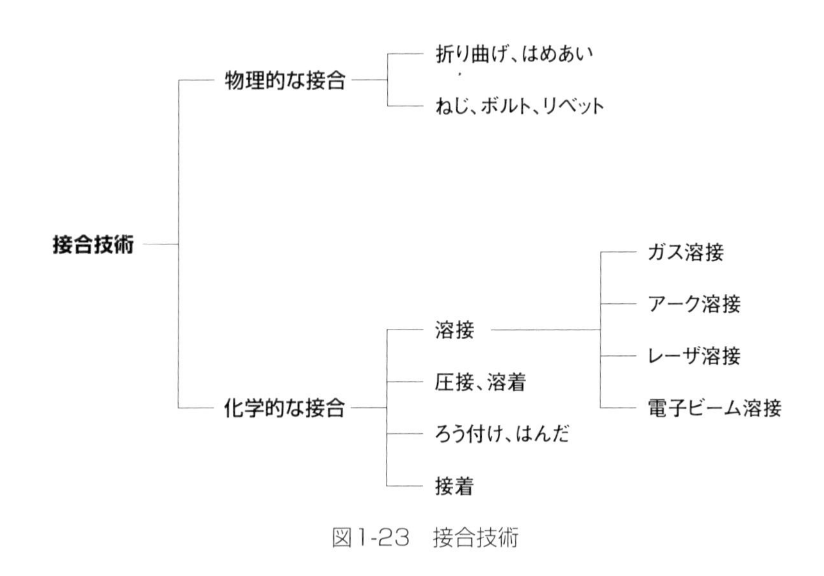

図1-23　接合技術

設計目線で見る「接合に適した材料を知りたい件」

接合を行うには、第一に材料の加工寸法精度が十分に高いことが求められます。接合面同士の平面度や、ねじ穴の寸法精度などが十分に高い必要があります。

板材や棒材を接合する場合、材料に反りなどが生じると、接合箇所にストレスが加わり、接合部が破損する恐れがあります。反りや変形を生じないような材質や形状に留意します。

溶接を行うには、熱影響による割れの起こりにくい材料であることが求められます。炭素、マンガン、クロムなどの濃度が低い材料となります。ステンレスはクロムの含有量が多いので注意が必要です。鋳鉄は炭素の含有量が多いため溶接は難しいことをおさえておきましょう。

φ(@°▽°@) メモメモ

鋼材の溶接割れ感受性の推定式

各元素の溶接割れの起こりやすさは、炭素当量と言う炭素の量に変換する数式を用います。

この数式は様々なものが提案されていますが、日本では次の式が広く用いられています。

$$C_{eq} = \mathrm{C} + \frac{\mathrm{Si}}{24} + \frac{\mathrm{Mn}}{6} + \frac{\mathrm{Ni}}{40} + \frac{\mathrm{Cr}}{5} + \frac{\mathrm{Mo}}{4} + \frac{\mathrm{V}}{14}\ (\%)$$

設計目線で見る「ろう付けや接着の密着力を確保するために知っておくべき件」

ろう付けやはんだ付けの密着力を確保するには、ぬれ性が良いことが必要です。ぬれ性が悪いと接合不良が発生します。材料表面の酸化膜がぬれ性を悪化させますので、フラックスという薬品を使用して酸化膜を除去する方法がよく用いられます。フラックスは汚染や腐食の原因にもなりますので、フラックスになるべく頼らず母材とろう材の相性の良い組み合わせを選択することが重要です。また溶接と同様に、熱影響にも注意が必要です。

接着を行う場合も、ろう付けと同様に、ぬれ性がよいことが重要となります。接着は一般に溶接やろう付けよりも接着強度が弱くなります。接着力を確保するため、母材表面を荒らして食い付きを良くすることや、表面の汚れをしっかりと除去しておくことも重要です。

■D(￣ー￣*)コーヒーブレイク

文言の選択：成形？成型？　めっき？メッキ？ ばね？バネ？

成形と成型。同じような言葉ですね。日本語の意味としてほとんど違いはないようです。加工技術では、射出成形やプレス成形など、「成形」という言葉を使うことが一般的です。これらの加工では「型」を使いますが、加工のそもそもの目的は、「形」を作ることですので、そのような意図で使われているのかもしれません。ただし、用法には諸説があるのでご注意ください。

めっきとメッキはどうでしょうか。こちらは「めっき」が正式な用法となります。ひらがなが正式な言葉というのは意外かもしれませんね。“鍍金（めっき）”が語源であり、業界団体の名称にも使われています。ばねとバネも同様に“はねる”が語源のため「ばね」が正式な用法です。

業界で使われる言葉、ベテラン技術者が使う言葉に注意を向けると、色々な発見がありそうです。

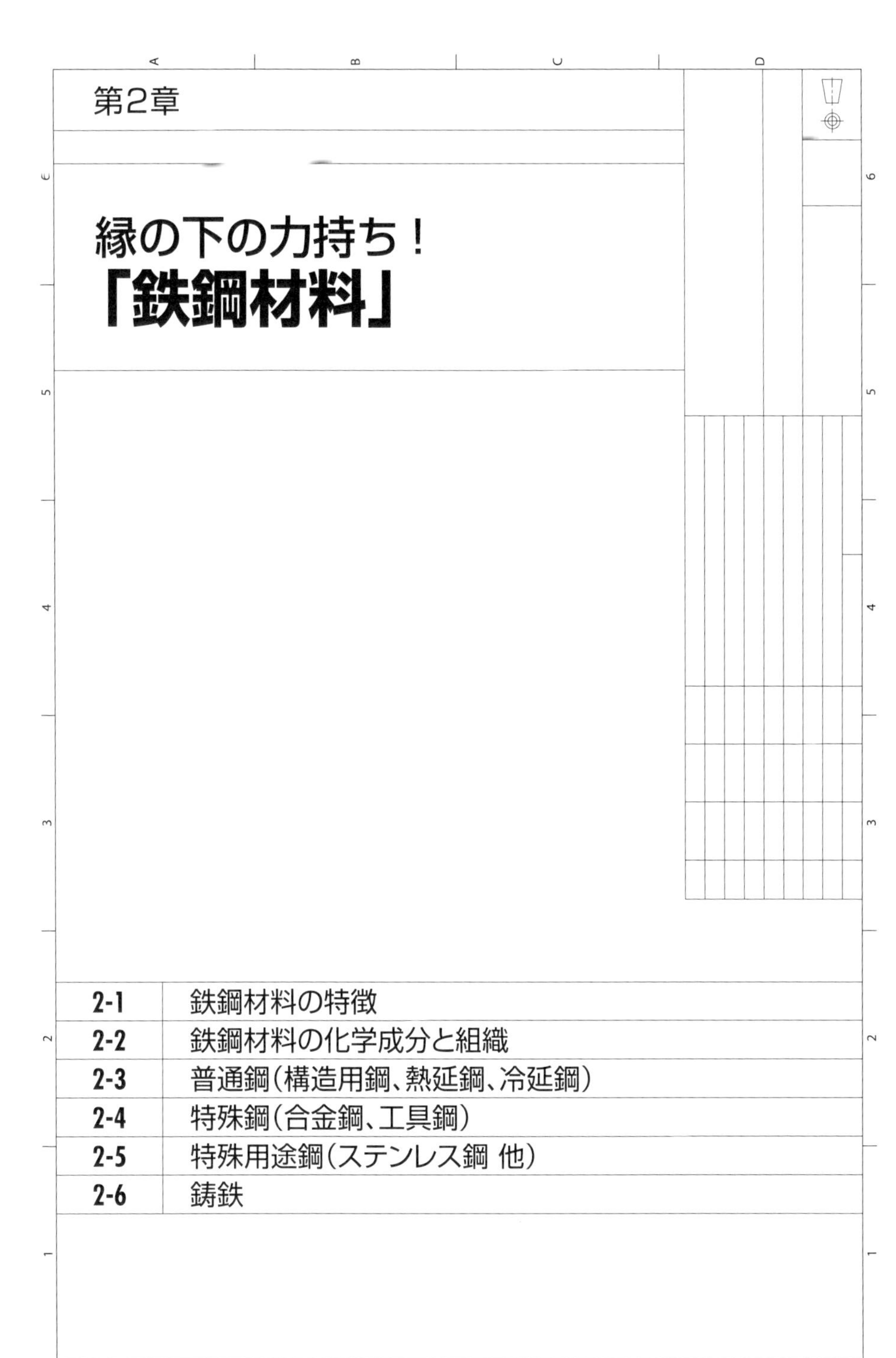

第2章

縁の下の力持ち！「鉄鋼材料」

鉄鋼材料の特徴

鉄鋼材料

鉄鋼材料は鉄を主成分とした金属材料で、機械材料によく用いられる。炭素の量や各元素の添加量によって様々な鋼種が存在し、大きくは普通鋼、特殊鋼、鋳鉄に分類される。

1．鉄鋼材料の特徴

鉄鋼材料は鉄が主成分の金属材料です。主要な成分として、炭素（C）を含みます。鉄鋼材料の密度は約8 g/cm^{3}です。剛性があり、強度や靭性（じんせい：粘り強さ）が高いため、構造材料や駆動部品などのストレスがかかる用途に使うことができます。また、加工がしやすく、大量に生産されているため比較的安価で、調達もしやすい材料です。さらに、種類が豊富にあります。このように材料として多くの特長を備えているため、機械材料の主役になっています（図2-1）。

概要
- ■鉄（Fe）を主成分とした材料
- ■炭素（C）と、その他の元素を含む
- ■重量は約8g/cm^3

特徴（※）
- ■剛性がある
- ■強度や靭性（粘り強さ）が高い
- ■加工がしやすい
- ■価格は比較的安価
- ■調達しやすい
- ■種類が豊富（様々な特徴がある）

※鉄鋼材料の全般的な特徴であり、材料の種類によって異なる場合があります。

図2-1 鉄鋼材料の特徴

2．鉄鋼材料の分類

鉄鋼材料は、含有する炭素の量で分類されます。炭素量が0.02％以下のものは純鉄と言います。炭素量が0.02～1.2％のものは鋼（はがね）と言います。炭素量が2.14％以上のものは鋳鉄（ちゅうてつ）に分類されます（図2-2）。

炭素量　0.02％以下	工業用純鉄	純鉄
炭素量　0.02％～1.2％	鋼	鋼
炭素量　2.14％～4.5％	鋳鉄 または 銑鉄	鋳鉄

（学問上2.14％まで鋼というが、実際には1.2％を超える鋼はない）

※文献により、炭素量の数値に違いがあります。

図2-2 純鉄・鋼・鋳鉄の分類

1） 鉄-炭素の状態図

鉄と炭素の関係をより詳しく理解するには、状態図が便利です。状態図と言うのは、化学組成や温度、圧力などの条件によって、その物質がどのような状態になるかを図に表したものです。鉄と炭素の二元系状態図（鉄-炭素系　平衡（へいこう）状態図とも言う）を見てみましょう（**図2-3**）。

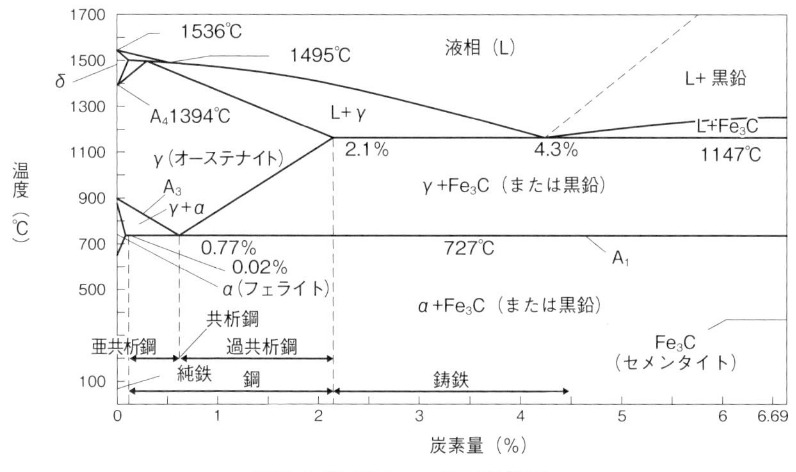

図2-3 鉄-炭素　二元系状態図

この状態図は、ヨコ軸を化学組成、タテ軸を温度としています。これで、炭素量がいくつで、温度がいくつであれば、どんな状態になるのかがわかります。

鉄-炭素状態図は複雑なので、苦手意識を持たないよう、まずは基本的なポイントだけを押さえておきましょう。ヨコ軸の炭素量で、純鉄、鋼、鋳鉄に分類されます。鋼は、炭素量0.77％が共析鋼、それより低いものを亜共析鋼、高いものを過共析鋼と言います。

α相はフェライト、γ相はオーステナイト、Fe_3Cはセメンタイトと言う組織です。α +Fe_3Cは、αとFe_3Cが混ざった混合相です。まずはここまでを頭に入れてください。

φ(@°▽°@) メモメモ

鉄-炭素状態図のポイント

- ヨコ軸の炭素量で、純鉄、鋼、鋳鉄に分類される
- タテ軸の温度は、常温～727℃は主にα相とFe_3C、727℃超は主にγ相とFe_3Cとなる
- α相はフェライト、γ相はオーステナイト、Fe_3Cはセメンタイトと言う組織である
- 鉄鋼は約1500℃で液化（溶解）する。鋳鉄は比較的低い温度で液化（溶解）する

2) 鉄鋼材料の分類

鉄鋼材料は非常に多くの種類があります。大きな分類としては、普通鋼、特殊鋼、鋳鉄となり、それぞれに色々な種類の材料があります（図2-4）。

① 普通鋼

熱処理をせずに使用する、汎用的な鋼材です。機械部品や構造用材料など、幅広い用途に広く使われます。価格も手ごろで入手しやすく、加工もしやすい材料が多いです。

② 特殊鋼

合金成分が入り、熱処理をして使用する鋼材です。高い剛性が求められる構造用材料や、硬さや強さが必要な工具や金型、耐食性が求められる機械部品や配管、ばねやピアノ線などの線材など、目的に応じた特徴のある材料が使われています。一般には普通鋼よりも高価で、加工にも注意が必要です。

③ 鋳鉄

炭素量2.14％以上の鉄材料です。振動を吸収する特徴があります。歯車などの機構部品や、機械の支持台、各種構造物、鍋など、様々な用途で使われます。

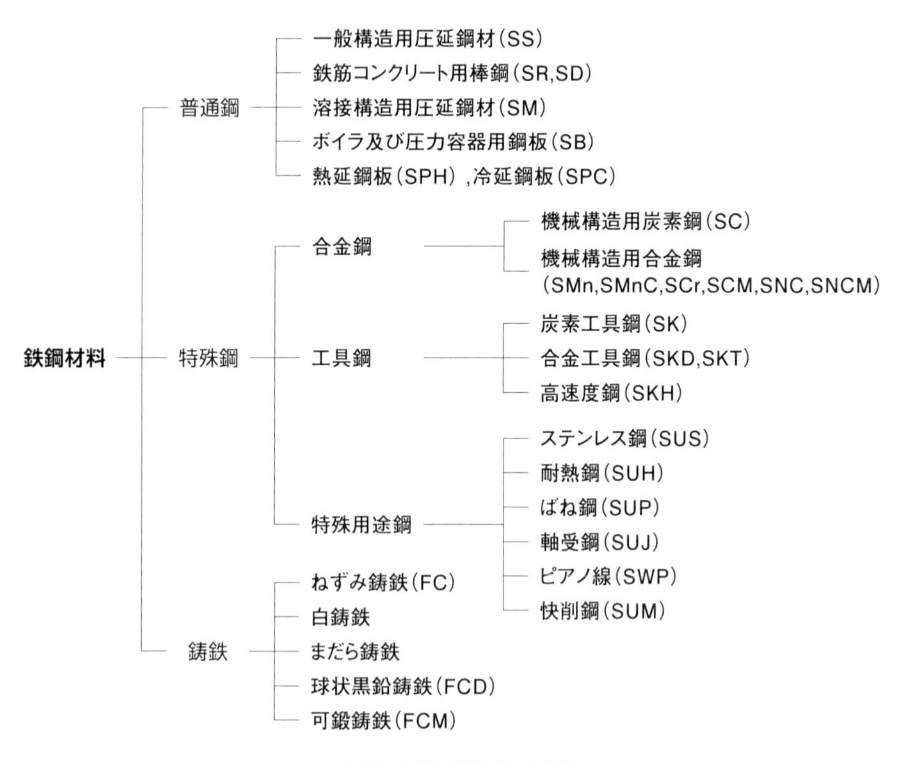

図2-4 鉄鋼材料の分類

3．製鉄の流れ

製鉄の流れを解説していきます。鉄の材料は鉄鉱石です。鉄鉱石は、赤鉄鉱（Fe_2O_3）や、褐鉄鉱（FeOOH）、磁鉄鉱（Fe_3O_4）などの、鉄と酸素の化合物の状態にあります。

製鉄工程は、高炉→溶銑予備処理→転炉→二次精錬→連続鋳造→圧延となります（図2-5）。

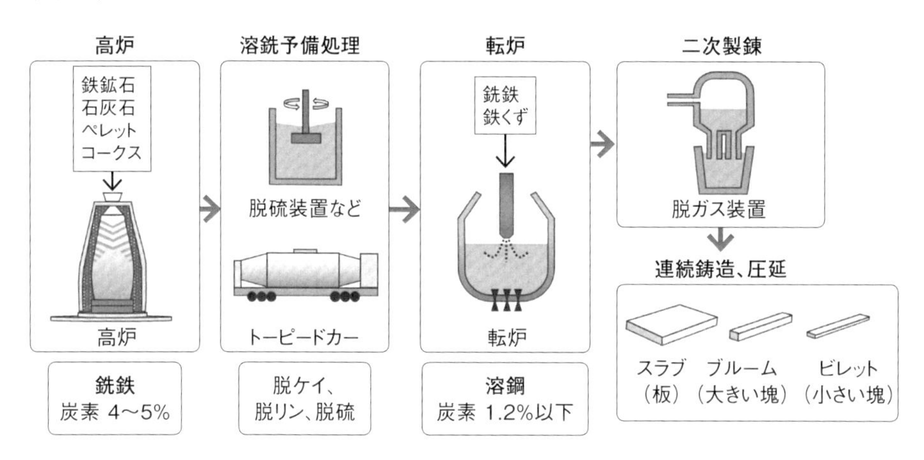

図2-5 製鉄の流れ

① 高炉

鉄鉱石と、ペレット、コークス、石灰石を原料として、銑鉄（せんてつ）を製造します。ペレットは微粉鉱石と水と粘結剤の混合物で、高炉中のガスの通路を確保します。コークスは炭素の塊で、高炉中で燃焼して、温度を上げるとともに鉄鉱石を還元します。石灰石の成分は炭酸カルシウムで、不純物（ケイ素、リン、硫黄など）を吸収してスラグとなり、鉄と分離して、鉄の純度を上げます。

銑鉄は炭素を4～5％含みます。高炉から、トーピードカーと言う搬送車で、溶けた銑鉄のまま転炉に運びます。なお、高炉で生成されたスラグはコンクリート等の材料になります。

② 溶銑予備処理

次工程の転炉に投入する溶銑から、不純物（ケイ素・リン・硫黄）をあらかじめ除く工程です。高純度の鋼材を得るために実用化され、現在は標準的な処理となっています。

③ 転炉

転炉は、銑鉄中の炭素や他の不純物を除いて、純度の高い鉄を製造する工程です。鉄くず（リサイクル材）も投入されます。転炉内では酸素ガスを導入して炭素を除きます。転炉によって炭素が1.2％以下まで減って、溶鋼となります。

④ 二次精錬

溶鋼の純度を高めるために、二次精錬を行います。二次精錬には、アルゴンガスを吹き込むRH法、真空脱ガスを行うDH法、アーク放電で加熱するLF法、真空脱ガスとアークを組み合わせたVAD法などがあります。取鍋（とりべ、とりなべ）と言う容器を用いるため、取鍋精錬とも呼ばれます（**図2-6**）。

⑤ 連続鋳造（連鋳）

連続鋳造は、溶鋼を冷却して、連続的に長い板状の鋼材を作る工程です。鋼材は一定の長さに切断されて、スラブと呼ばれる板状の塊や、ブルームと呼ばれる棒状の塊になります。

⑥ 圧延

スラブを２つの圧延ローラーの間を通して薄く伸ばして、板材や棒材などの形にする工程です。

熱間圧延は、鋼材を高温状態で加工するため、加工が比較的容易で、材料は加工硬化を起こしません。表面には酸化被膜が形成されます。

冷間圧延は、鋼材を常温で加工します。表面に酸化膜が生じず、光沢のある「ミガキ面」となり、また寸法精度も良くなります。熱間加工よりも加工は難しくなります。

図2-6 真空脱ガス設備（提供：日本鋳造株式会社）

φ(@°▽°@) メモメモ

リムド鋼とキルド鋼

製鉄工程で作られる鋼材は全て同じではありません。最終的に作る鋼材の種類や狙いとする特性に応じて、製鉄工程の精錬の内容が異なります（**図2-7**）。

安価な汎用的鋼材にはリムド鋼と呼ばれるものがあります。これは転炉後の溶鋼をそのまま鋳造するもので、酸素や炭素の濃度が比較的高いです。鋳造工程で溶鋼中のガスが放出され火花が飛び、表面にリム層（円筒状のふくらみ）ができることからリムド（RIMMED）鋼と名づけられました。炭素は最大0.2％程度含みます。

一方、二次精錬等で十分に脱酸・脱炭された純度の高い鋼材は、キルド鋼と呼ばれます。鋳込み時に、火花やガス放出がなく、死んだように静かな鋼材という意味からキルド（KILLED）鋼と名づけられました。気泡やリムがなく、高品質な鋼材となります。ステンレス鋼などの合金鋼や高級な鋼材はキルド鋼です。

普通鋼のSS材（一般構造用圧延鋼材）は、昔はリムド鋼を使っていましたが、近年は高品位の製造法が普及して、ほとんどがキルド鋼で製造されるようになっています。

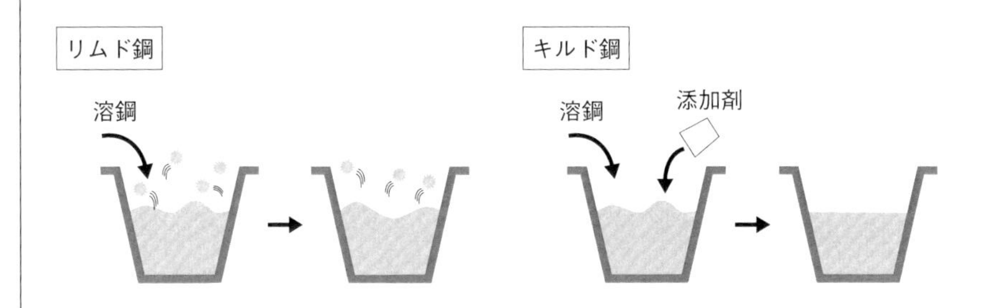

図2-7 リムド鋼とキルド鋼

鉄鋼材料の化学成分と組織

鉄鋼材料の化学成分と組織

鉄鋼材料の性質は化学成分によって決定づけられる。炭素、ケイ素、マンガン、リン、硫黄の5大元素をはじめとする各元素にそれぞれの働きがある。また鉄鋼材料の組織は、フェライト、パーライト、セメンタイト、マルテンサイトなどがあり、それぞれ機械的性質が異なる。

1．鉄鋼材料の５大元素

鉄鋼材料は、化学成分と、熱処理によって、様々な性質を持たせることができます。化学成分として主要なものは、炭素、ケイ素、マンガン、リン、硫黄です。これを、鉄鋼材料の５大元素と言います（**表2-1**）。各元素が鋼材に与える効果について押さえておきましょう。

① 炭素

最も重要な元素です。含有量が増えるほど、強く、硬くなりますが、脆さも増します。

② ケイ素

強さ（引張試験の降伏点）を向上させます。耐熱性を高くする効果もあります。

③ マンガン

強さや靭性を向上します。被削性（削りやすさ）や、焼入れ性を向上します。

④ リン

不純物です。脆性を増します。引張試験の強度を高める作用があります。

⑤ 硫黄

不純物です。被削性を向上します。マンガンと結合して硫化マンガン（MnS）となります。

表2-1 鉄鋼材料の5大元素

	元素	効果
脆、強・硬	炭素(C)	強さと硬さが上昇する反面、脆性(もろさ)を増す。
降伏耐熱	ケイ素(Si)	強さ(降伏点)を向上させ、耐熱性を増す。
削・焼入	マンガン(Mn)	脆性を低減する。被削性や焼入れ性を増す。
脆	リン(P)	脆性を増す。引張強さを若干高め、伸び、絞りを下げる。
削	硫黄(S)	Mnと結合して、MnSとして存在する。被削性が増す。

2. さまざまな添加元素

5大元素以外にも、様々な添加元素があります。これらの元素は、合金鋼や特殊鋼にとって必要不可欠なものが多くあります。各元素のはたらきを知っておくことは大切です（表2-2）。

表2-2 鉄鋼材料のその他添加元素

	元素	効果
耐食・硬	クロム(Cr)	耐食性と硬さを増す。
強・靭・低温	ニッケル(Ni)	靭性と強度を増す。低温での靭性を改善する。
焼入	モリブデン(Mo)	焼入れ性を著しく改善する。焼戻しで硬さと粘りを得る。
硬	バナジウム(V)	硬さを増す。
硬	アルミニウム(Al)	窒素と結合して硬さを増す。
硬	チタン(Ti)	硬さを増す。
焼入	ボロン(B)	焼入れ性を高める。
熱脆	銅(Cu)	赤熱脆性の原因となる。
強	すず(Sn)	引張強さ、降伏点を増し、伸び、絞り、衝撃値を減少させる。

色々な添加元素があって、覚えきれません…

添加元素は温泉でいう有効成分と考えたらいいんだよ。
いま扱っている材料の成分を確認して、添加されている元素の効果を調べる習慣をつけるといいぞ！

3．鉄鋼材料の組織

鉄鋼材料に現れる代表的な5つの組織（フェライト、セメンタイト、パーライト、マルテンサイト）について説明します。

① フェライト

α相の組織です。Feの原子が体心立方格子（bcc）の結晶構造を持ちます。微量の炭素を結晶の隙間に持ちます。硬さは70～100HVと比較的やわらかく、よく伸びる性質があります。常温で強磁性（磁石の性質）を持ちます。

組織は、多角形の結晶の集合体状になっています（**図2-8**）。

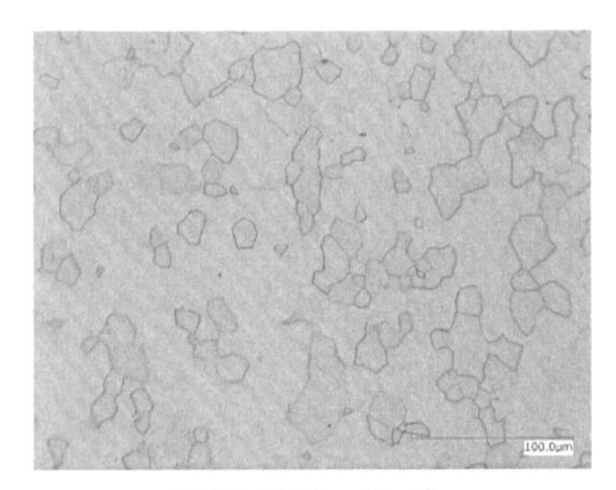

図2-8 フェライト

② セメンタイト

Feと6.7％の炭素との化合物です。化学式はFe_3Cと表します。Fe_3C単体の硬さは1200HVと非常に硬く、もろい性質があります。耐腐食性が高いです。常温で強磁性体となります。

鋼材においては、純粋なFe_3Cではなくα+Fe_3Cの混合相を主に用います。その場合、組織状態は球状Fe_3C、層状、針状など、さまざまな形をとります（**図2-9**）。

図2-9 セメンタイト

③ パーライト

γ相（オーステナイト）から冷却してα+Fe_3Cを共析させることで形成されます。α相とFe_3Cとが薄い層状に形成され、真珠のような色を持つことからパーライトと呼ばれます。硬さは240HV程度となります。γ相からの冷却速度によって、相の厚さが変化します。粗パーライト、中パーライト、微細パーライトなどに分類されます（**図2-10**）。

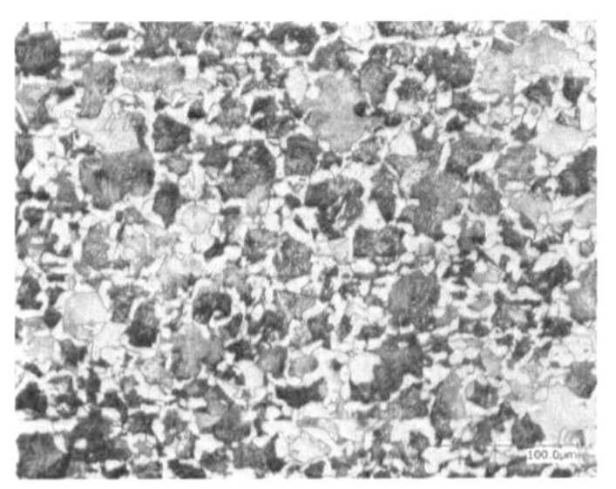

図2-10 パーライト（黒い部分）

④ マルテンサイト

γ相からα+Fe_3Cに移行するとき、α相は炭素をほとんど溶かせないため、Fe_3C相として炭素を放出します。ここで急冷によって急速に変化させると、α相からの炭素放出が間に合わず、炭素原子がすき間に侵入した状態になります。このとき、α相の体心立方格子(bcc)の1つの軸が引き伸ばされて体心正方格子(bct)に変化します。これをマルテンサイト変態と言います。硬さは500〜850HV程度と非常に硬く、もろい組織になります(**図2-11**)。

図2-11 マルテンサイト

φ(@°▽°@) メモメモ

鉄鋼材料の組織は、状態図のどこを通ったかで決まる

鉄鋼材料は、高温から冷却されて作られます。状態図で上の方から下に降りてきて常温に到達します。その際に通過した相が、材料の組織を決める要因になります(**図2-12**)。状態図は材料組織を決めるルートマップと考えると親しみがわきますね。

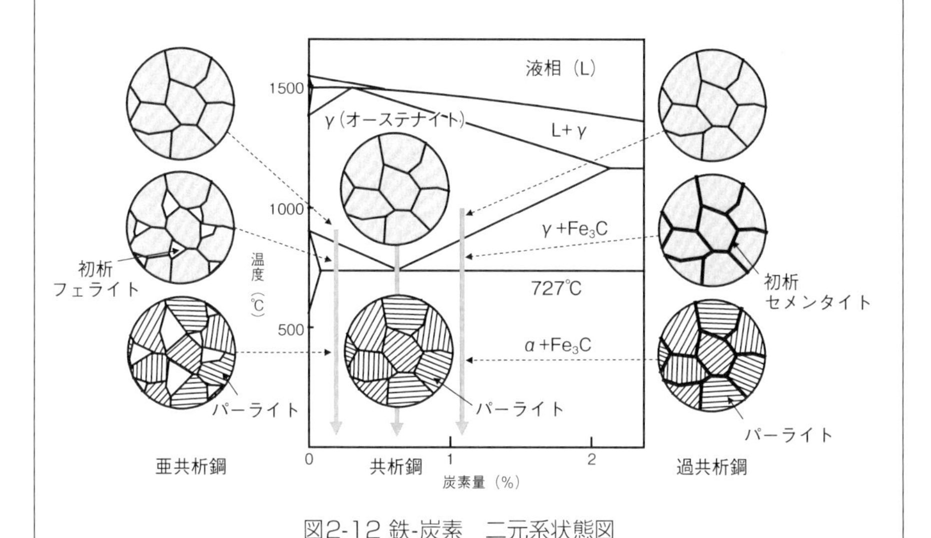

図2-12 鉄-炭素　二元系状態図

第2章	3	普通鋼(構造用鋼、熱延鋼、冷延鋼)

普通鋼(構造用鋼、熱延鋼、冷延鋼)

普通鋼

普通鋼は炭素を含み、他の元素をあまり含まない鋼材。熱処理が不要で扱いやすい。

普通鋼には、一般構造材料圧延鋼材、冷間圧延鋼板、熱間圧延鋼板などがある。各鋼種の化学成分と機械的性質はJISで規定されており、材料記号で識別することができる。

1．普通鋼とは

普通鋼とは、鉄に炭素を含み、他の元素をほとんど含まない鋼です。価格が安く、入手しやすく、熱処理が不要で加工が比較的容易です（図2-13）。

様々な用途で汎用的に幅広く使用されるため、普通鋼と呼ばれます。

- ☑ 炭素を含み、他の元素をほとんど含まない
- ☑ 熱処理が不要で、加工が比較的容易
- ☑ 価格が安く、入手しやすい、汎用的な材料

図2-13 普通鋼の特徴

普通鋼って、
名前の通りフツーの
材料ってことですね

それでもいいけど、幅広い用途に使える、焼き入れせず生素材のままで使用する、汎用的な鋼材と考えておくといいよ

普通鋼は、炭素鋼のうち炭素0.6%以下のものです。炭素0.6%を超えるものは工具鋼といって、普通鋼ではなく特殊鋼に分類します。

普通鋼には、一般構造材料圧延鋼材（SS材)、鉄筋コンクリート用棒材（SR材、SD材)、溶接構造用圧延鋼材（SM材)、ボイラ及び圧力容器用鋼板（SB材)、熱延鋼板（SPH)、冷延鋼板（SPC）などの種類があります（**図2-14**)。

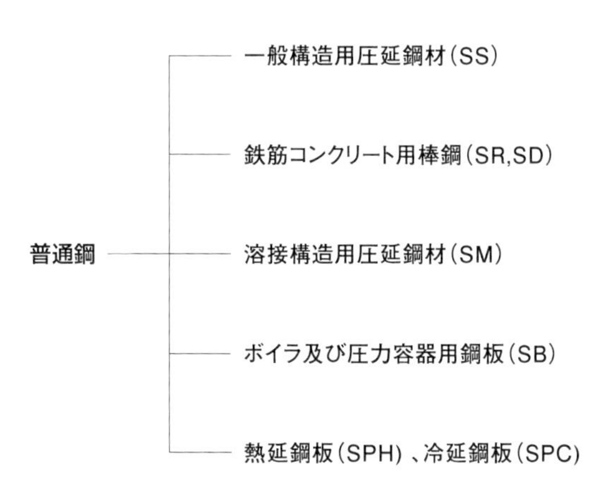

図2-14 普通鋼の分類

2．普通鋼の材料記号

普通鋼の材料記号は、例えば一般構造用圧延鋼材ではSS400のように表します。

Sは、Steel（鋼）を意味します。次のSは、Structure（一般構造用）を表します。数字はSS材やSM材では最低引張強さ（単位：MPa）、SR材やSD材は耐力（単位：MPa）を示しています（**図2-15**）。SS400であれば、引張強さ400 MPa以上となります。

図2-15 SS材、SR材、SD材の材料記号

冷延鋼板は、SPCC-SDなどのように表します。最初のSはSteel、次のPCはPlate-Cold（冷間圧延）の意味です。熱延鋼鈑はPH（Plate-Hot）、電気亜鉛めっき鋼鈑（通称ボンデ鋼鈑）はEC（Electrogalvanized Cold）、溶融亜鉛めっき鋼鈑はGC（Galvanized Cold）です。その次のCは、Commercial（一般的）です。ハイフンのあとの記号は調質区分と言って、熱処理を表します。SはStandard（標準）つまり標準的な熱処理を意味します。最後の記号は表面仕上げ区分です。DはDull（ダル仕上げ、つや消し仕上げ）を意味します（**図2-16**）。

例えば、SPHEであれば深絞り用の熱延鋼鈑になります。

図2-16 SPC材、SPH材、SEC材の材料記号

3．各鋼種の特徴

① 一般構造用圧延鋼材（SS） JIS G 3101

SS材は、引張強さを主に保証する鋼材です（表2-3）。実用上、SS400が最もよく使用されます。SS400の形状としては、平板、棒材、形鋼（L型や、H型など）があり、様々な形状の材料が入手しやすく、機械加工も溶接もしやすいです。価格が安いのもメリットです。

JISでは「橋、船舶、車両その他の構造物に用いる一般構造用の熱間圧延鋼材」と示されています。熱間圧延で製造されますので、表面に黒い酸化被膜があります。これを黒皮材と言います。ブラストなどで除去すると材料本来の灰色になり、これをミガキ材と言います。

表2-3 SS材の化学成分と強度

鋼種	化学成分（%）				引張強さ
	C	Mn	P	S	MPa
SS330	−	−	≦0.050	≦0.050	330〜430
SS400					400〜510
SS490					490〜610
SS540	≦0.30	≦1.60	≦0.040	≦0.040	540以上

SS材の化学成分は不純物であるP（リン）とS（硫黄）の上限値は示されていますが、その他の規定がありません。機械的強度のみ保証するという規格になっています。材料によっては、素性が不明で、加工しづらく表面仕上がりも悪いなどと言う場合もありますので注意しましょう。

炭素含有量は少なく、焼入れの効果がありません。なお、炭素量については規定がありません。しかし、引張強さと炭素量の関係性から、下記のように炭素量の目安を算出することができます。

$$\text{炭素量（\%）} \fallingdotseq \{\text{引張強さ（MPa）} / 9.8 - 20\} / 100$$

φ(@°▽°@) メモメモ

SS400の炭素量を計算してみましょう

引張強さ400（MPa）を、上の式に当てはめて計算してみましょう。

SS400の炭素量は公になっていませんが、計算すると、炭素量は0.21%程度と推定できます。

② 冷間圧延鋼板（SPC）JIS G 3141

SPCは、製鉄メーカーで冷延コイルと言う素材として販売しています。板金、プレス加工などを行う鋼材です。塑性加工がしやすいよう炭素量が低めになっています。鋼種は冷蔵庫や家具などに使われる一般用（SPCC）、自動車のボディに使われる絞り用（SPCD）、乾電池の外装などに使われる深絞り用（SPCE）があります（**図2-17**）。炭素量はSPCC＞SPCD＞SPCEとなっています（**表2-4**）。

図2-17 平板からコップ状に深絞りした形状例（へら絞り加工）

表2-4 SPC材の化学成分と強度

鋼種	化学成分（%）				引張強さ
	C	Mn	P	S	MPa
SPCC	≦0.15	≦0.60	≦0.100	≦0.035	270以上
SPCD	≦0.10	≦0.50	≦0.040	≦0.035	
SPCE	≦0.08	≦0.45	≦0.030	≦0.030	

設計目線で見る「冷間圧延鋼材の表面仕上げがとっても便利な件」

冷間圧延鋼材の表面状態は、ブライト仕上げと、ダル仕上げがあります。冷間圧延加工のため基本的に表面はブライト仕上げに相当しますが、つや消しロールでの圧延や、ショットブラスト処理などで表面に凹凸を付けることで、ダル仕上げにすることができます。ダル仕上げはキズが目立ちにくくなったり、接着時の接着力を高めたり、指紋などが付きにくくなったりするなどの狙いで、精密機械や建材などに用いられます。

③ 熱間圧延鋼板（SPH） JIS G 3131

SPHは熱間圧延で製造された鋼板で、SS400と並んで主要な鋼材です。素材コイル用途で、厚み1.2～14mmとSS材よりも薄いものが作られています。引張強さが規定されており、厚み精度の規格はありません。成分の異なる鋼種が規定されています（**表2-5**）。

表2-5 SPH材の化学成分と強度

鋼種	化学成分(%)				引張強さ
	C	Mn	P	S	MPa
SPHC	≦0.12	≦0.60	≦0.045	≦0.035	270以上
SPHD	≦0.10	≦0.45	≦0.035	≦0.035	
SPHE	≦0.08	≦0.40	≦0.030	≦0.030	

④ 溶接構造用圧延鋼材（SM） JIS G 3106

SS材は溶接が可能ですが、靭性が低下して割れやすくなる弱点があります。そこで、溶接をしても靭性が低下しない材料が、SM材です。MはMarine（海洋）の略字で、造船用の材料として開発された、溶接割れや低温脆性（氷点下の環境で脆くなること）を起こしにくい鋼材です。

SM材はキルド鋼で製造され、炭素、リン、硫黄、ケイ素、マンガンの含有量が細かく規定されています。シャルピー衝撃試験の性能により、A（規定なし）～C（衝撃吸収エネルギーが47J以上）に分類されています。溶接を行う場合や寒冷環境で使用する場合などの選択肢となります。

⑤ 鉄筋コンクリート用棒鋼（SR、SD） JIS G 3112

SR材やSD材は、鉄筋コンクリートの補強に用いる鋼材です。SR材は丸棒、SD材は異形棒鋼と呼ばれ工事現場で見た人も多いと思います（**図2-18**）。直径、断面積、機械的性質が規定されています。主な機械的性質は、耐力、引張強さ、引張試験の伸び、曲げ角度などです。材料記号はSR235などと示し、数字は最低耐力（MPa）を示します。

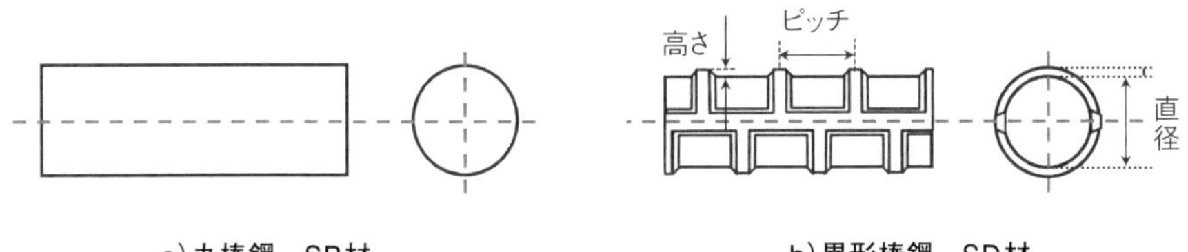

a）丸棒鋼　SR材　　b）異形棒鋼　SD材

図2-18 SR材、SD材の形状

⑥ ボイラ及び圧力容器用炭素鋼（SB） JIS G 3103

SB材はボイラなどの高温環境で使用する材料です。炭素が多めで高温強度を持たせています。Fe_3C（セメンタイト）の黒鉛化が480℃で生じるため、それより低い温度で使用します。

材料記号は、SB410などのように表します。数字は最低引張強さ（MPa）です。

⑦ 建築構造用圧延鋼材（SN） JIS G 3136

SN材は1994年に日本で規格化された建築構造用の鋼種で、NはNewの略字です。SN材は震度6～7の大地震に耐える建設用構造材料の規格として設定されました。耐力、シャルピー衝撃値、板厚方向の絞り値などの物性がSM材よりもさらに厳しく規定されています。力学的なストレスが厳しい環境の構造材料を検討する場合の選択肢となります。

φ(@°▽°@) メモメモ

SN材は耐力が高すぎる材料はNG?!

SN材は、耐力や降伏比の「上限」を規制しています。耐力（降伏強さ）は、物体が塑性変形を開始する力の強さです。降伏比は、耐力（降伏強さ）を引張強さで割ったもので、降伏比が低い方が塑性変形をしやすいことになります。つまり、SN材では塑性変形しやすいことを要求しています。

これは、大地震においては構造物の塑性変形によるエネルギー吸収が重要になるためです。構造体に塑性変形が全く起こらないと、地震の揺れのエネルギーが吸収されず、倒壊に至りやすいことがわかっています。

設計目線で見る「普通鋼の選定のポイントを押さえておきたい件」

鋼種の選定においては、引張強さや耐力などの機械的強度に加えて、焼入れ性の有無、溶接性などの違いを明確にして、用途にあった鋼種を選択することが大切です（表2-6）。

入手可能な形状や板厚、購入価格も考慮しましょう。なお、普通鋼は全般に耐食性が悪いため、腐食しやすい環境においては特殊鋼を選択する必要があります。

表2-6 鋼材各種の比較（一般的な傾向）

鋼種	強度	焼入れ性	溶接性	耐食性
SS400	○	×	○	×
SPCC	△	×	△	×
SPHC	△	△	○	×
S45C*	○	○	×	△

＊：S45Cは普通鋼ではなく、次項で解説する特殊鋼の一種です。

普通鋼の規格は複雑で、混乱しそうです…

まずは各鋼種の概要を、材料記号に紐づけて理解しよう。
実務では、材料のカタログだけでなく、JIS規格、各種便覧などもチェックするといいよ。

第2章　4　特殊鋼(合金鋼、工具鋼)

特殊鋼

鉄に炭素やクロム等の元素を含み、熱処理を行って用いる鋼材。合金鋼、工具鋼、特殊用途鋼に分類される。

1．特殊鋼の分類

特殊鋼は、鉄に、クロム(Cr)、ニッケル(Ni)、モリブデン(Mo)などの元素を添加した鋼材で、硬度、強度、靭性、耐磨耗性、耐食性などの高い様々な鋼種が存在します。普通鋼に比べて炭素量が多く、熱処理が必要となります。合金鋼は各種合金成分を含み、構造材料などに用いられます。工具鋼は炭素量が0.6％超の硬い材料で、工具や金型などに用いられます（**図2-19**）。

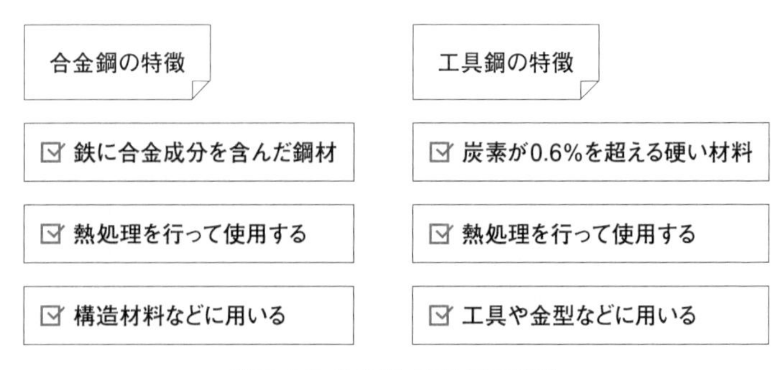

合金鋼の特徴
工具鋼の特徴
鉄に合金成分を含んだ鋼材
炭素が0.6%を超える硬い材料
熱処理を行って使用する
熱処理を行って使用する
構造材料などに用いる
工具や金型などに用いる

図2-19 合金鋼、工具鋼の特徴

特殊鋼は、合金鋼、工具鋼、特殊用途鋼に分類することができます。合金鋼には機械構造用炭素鋼（SC)、機械構造用合金鋼（SMn、SCr、SCM、SNC等）があります。工具鋼は、炭素工具鋼（SK)、合金工具鋼（SKD、SKT)、高速度鋼（SKH)があります（**図2-20**）。

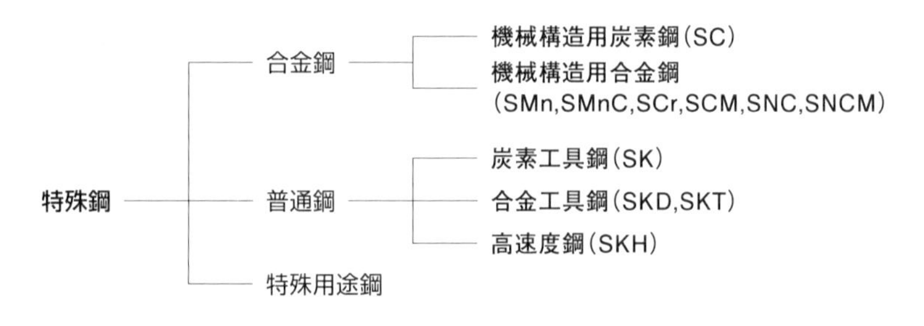

図2-20　特殊鋼(合金鋼、工具鋼)の分類

2. 合金鋼の材料記号

機械構造用炭素鋼（SC）の材料記号は、S45C-Hなどの記号を用います。SはSteel（鋼）、45という数字は炭素量（%）の中央値を100倍した値です。CはCarbonで炭素鋼であることを示します。Hは焼入れ・焼戻しを意味する質別記号です（図2-21）。

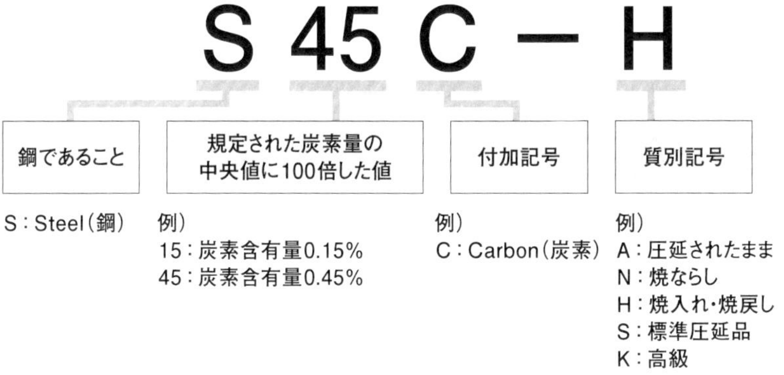

S 45 C − H

鋼であること	規定された炭素量の中央値に100倍した値	付加記号	質別記号
S：Steel（鋼）	例） 15：炭素含有量0.15% 45：炭素含有量0.45%	例） C：Carbon（炭素）	例） A：圧延されたまま N：焼ならし H：焼入れ・焼戻し S：標準圧延品 K：高級

図2-21 合金鋼（SC材）の材料記号

機械構造用合金鋼（SCM等）の材料記号は、SCM415などのように示します。Sに続く英字は主要な合金元素で、CrまたはCはクロム、Mnはマンガン、Mはモリブデン、Nはニッケル、Aはアルミニウムです。NCであればニッケル＋クロムとなります。

3ケタの数字の最初の1ケタは、主要合金元素量コードと言って、その鋼種の代表的な合金元素の量による分類を示しています。数字が大きいほど添加量が多くなっています。数字の最後の2ケタは、炭素量（%）の中央値を100倍した値です（図2-22）。

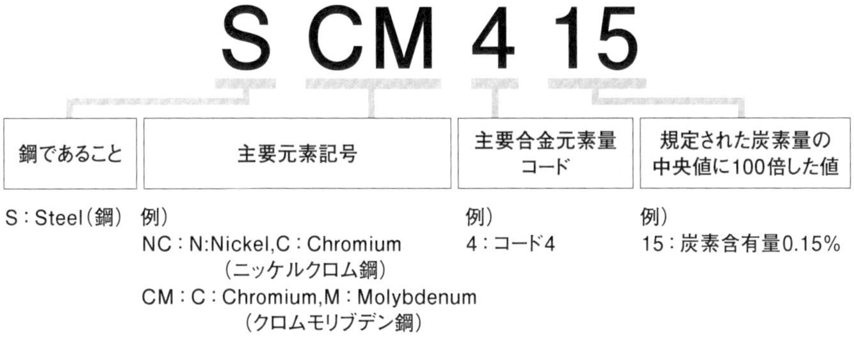

S CM 4 15

鋼であること	主要元素記号	主要合金元素量コード	規定された炭素量の中央値に100倍した値
S：Steel（鋼）	例） NC：N:Nickel,C：Chromium （ニッケルクロム鋼） CM：C：Chromium,M：Molybdenum （クロムモリブデン鋼）	例） 4：コード4	例） 15：炭素含有量0.15%

図2-22 合金鋼（SCM）の材料記号

3．工具鋼の材料記号

工具鋼の材料記号は、SK140などのように示します。Sに続く英字は鋼種を表し、Kは炭素工具鋼、KHは高速度工具鋼、KSは合金工具鋼、KDは熱間金型用合金工具鋼です。最後の3ケタの数字は、炭素量（%）の中央値を100倍した値です（**図2-23**）。

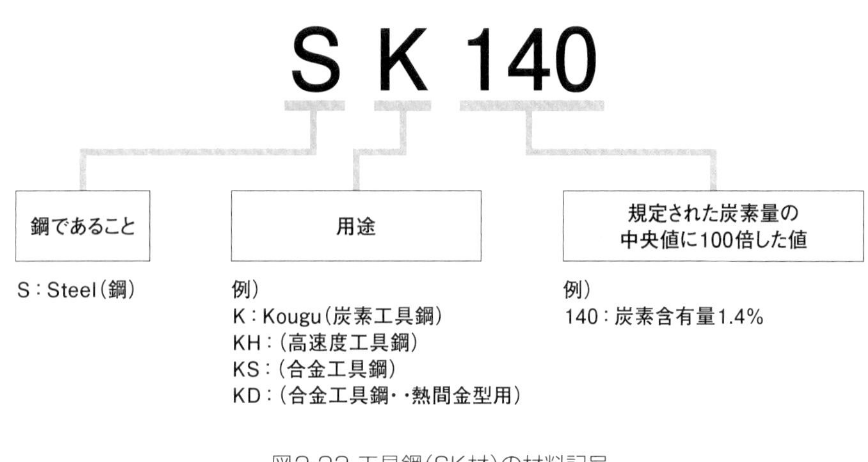

図2-23 工具鋼（SK材）の材料記号

φ(@°▽°@) メモメモ

演習　材料記号の意味

次の鋼材の材料記号を考えてみましょう。

1）炭素工具鋼、炭素1.2%　⇒　SK 120

2）機械構造用炭素鋼　炭素0.2%、焼入材　⇒　S20C H

4．各鋼種の特徴

① 機械構造用炭素鋼（SC） JIS G 4051

機械構造用炭素鋼は、構造用材料として、建築、土木、車両、機械など様々な用途で用いられます。不純物の少ない高級原料であるキルド鋼から熱間圧延や熱間鍛造または熱間押出によって製造します。材料記号はS25Cのように表します。数字は炭素量（%）を示します（**表2-7**）。

含有炭素量が多いほど、熱処理後の引張強さや硬さが高くなります。炭素量が0.3%を超える材料は生材のままで部品として使用することもありますが、切削や鍛造などの加工後に熱処理を施して使用するのが一般的です。また、含有炭素量が0.3%を超えるSC材は溶接には向かず、腐食しやすい環境で使いにくいです。

代表的な鋼種はS45Cで、普通鋼のSS400と並んで、よく使われる材料です。歯車や自動車のエンジン部品など、SS400では強度や耐久性が不足する場合によく用いられます。

表2-7 SC材の化学成分と強度

<table>
<tr><th rowspan="2">鋼種</th><th colspan="5">化学成分(%)</th><th colspan="2">引張強さ(MPa)※</th></tr>
<tr><th>C</th><th>Si</th><th>Mn</th><th>P</th><th>S</th><th>焼ならし</th><th>焼入焼戻</th></tr>
<tr><td>S15C</td><td>0.13～0.18</td><td rowspan="10">0.15～0.35</td><td rowspan="3">0.30～0.60</td><td rowspan="9">≦0.030</td><td rowspan="9">≦0.035</td><td>370以上</td><td>－</td></tr>
<tr><td>S20C</td><td>0.18～0.23</td><td>400以上</td><td>－</td></tr>
<tr><td>S25C</td><td>0.22～0.28</td><td>440以上</td><td>－</td></tr>
<tr><td>S30C</td><td>0.27～0.33</td><td rowspan="6">0.60～0.90</td><td>470以上</td><td>540以上</td></tr>
<tr><td>S35C</td><td>0.32～0.38</td><td>510以上</td><td>570以上</td></tr>
<tr><td>S40C</td><td>0.37～0.43</td><td>540以上</td><td>610以上</td></tr>
<tr><td>S45C</td><td>0.42～0.48</td><td>570以上</td><td>690以上</td></tr>
<tr><td>S50C</td><td>0.47～0.53</td><td>610以上</td><td>740以上</td></tr>
<tr><td>S55C</td><td>0.52～0.58</td><td>650以上</td><td>780以上</td></tr>
<tr><td>S15CK</td><td>0.13～0.18</td><td>0.30～0.60</td><td>≦0.025</td><td>≦0.025</td><td></td><td></td></tr>
</table>

※参考値（JISに規定なし）

炭素含有量が0.6%を超えると
工具鋼（SK材）に名前が変わるぞ！

φ(@°▽°@) メモメモ

はだ焼用鋼とは

S15CKは、炭素量0.15％の、はだ焼用鋼材です。はだ焼とは鋼材の表面のみに熱処理をすることです。材料の粘り強さと表面の硬さを両立することができます。はだ焼き用鋼はP（リン）やS（硫黄）の不純物を低く規定した高級な鋼材となります。はだ焼き用鋼として、S09CK、S15CK、S20CK、SCM420、SCM425、SCM822、SNC415などがあります。

② 機械構造用合金鋼（SMn、SCr、SCM等） JIS G 4053

機械構造用炭素鋼と名前が似ていて紛らわしく感じるかもしれません。共通点としては、構造用に用いられる鋼材です。一方、こちらは合金鋼と言う名前の通り、クロムや、マンガン、ニッケルなどの合金元素が多くなっています。それによって、硬さ、焼入れ性、靭性、切削性、耐食性が強化されています。そのため、機械構造用炭素鋼よりも厳しい環境で使われます。JISに40種類の鋼種の各元素（C、Si、Mn、P、S、Ni、Cr、Mo、Cu）の成分範囲が規定されています。

SCr材は、クロム鋼と呼ばれ、機械構造用合金鋼の中では比較的安価です。クロムが多いので、強く、硬く、耐食性が高いという特徴があります。材料記号はSCr430のように表し、最初の4は主要合金元素量コード（クロムの量を示す）、次の30は含有炭素量を示します（**表2-8**）。

SCr材は焼入れをして使用します。SCr415ははだ焼き鋼で、浸炭処理をして表面は硬く、内部は粘りを持たせて、自動車部品の歯車やシャフトに用います。

表2-8 SCr材の化学成分と強度

鋼種	化学成分(%)					強度※	
	C	Si	Mn	Ni	Cr	引張強さ(MPa)	硬度(HBW)
SCr415	0.13～0.18	0.15～0.35	0.60～0.90	≦0.025	0.90～1.20	780以上	217～302
SCr420	0.18～0.23					830以上	235～321
SCr430	0.28～0.33					780以上	229～293
SCr435	0.33～0.38					830以上	255～321
SCr440	0.38～0.43					930以上	269～331

※参考値(JISに規定なし)

他の成分　P≦0.030、S≦0.030

その他に主要な鋼種としてはSCMがあり、クロモリ鋼と呼ばれます。SCｒ材に0.15～0.30％のモリブデンを添加した組成を持ち、焼入れ性に優れます。500℃程度の高温でも強度が低下しにくく、高温高圧部品にも用いられます。SCr材よりも高価になります。

③ 炭素工具鋼（SK） JIS G 4401

炭素工具鋼（SK）は、炭素量が非常に多いため、強く、硬い材料となります。名前の通り、ドリル工具やプレス型や刃物などの工具類に用いることができる鋼種です。キルド鋼を用いて、熱間圧延、熱間鍛造、または冷間圧延によって製造されます。冷間圧延の場合は加工硬化しますので、焼なまし（750℃前後で徐冷）をして使用します。硬さはロックウェル硬さ（HB）またはビッカース硬さ（HV）で表します。

SK材の材料記号は、SK120のように表します。KはKougu（工具）で、数字は含有炭素量を示します（表2-9）。

表2-9 SK材の化学成分と強度

鋼種	化学成分					焼なまし硬さ	
	C	Si	Mn	P	S	熱間圧延鋼板	冷間圧延鋼板
SK140	1.30～1.50	0.10～0.35	0.10～0.50	≦0.030	≦0.030	HRC 34以下	HV230以下
SK120	1.15～1.25					HRC 31以下	HV220以下
SK95	0.90～1.00					HRC 27以下	HV210以下
SK65	0.60～0.70					HRB 96以下	HV190以下

設計目線で見る「SK材の炭素量のポイントは硬度以外にある件」

炭素量が0.6％を超えると、それ以上でも硬度はほとんど変わりませんが、耐摩耗性や耐衝撃性が向上します。一般的に、靱性を必要とする鋸刃やナイフには炭素量の少ないものを、耐摩耗性を重視する切削加工用のバイト、やすり、ドリルなどには炭素量の多いものを適用します。

④ 合金工具鋼（SKS、SKD、SKT） JIS G 4404

合金工具鋼は、炭素工具鋼に、さらにクロム、モリブデン、タングステン、バナジウム、ニッケルを添加して、強度や硬さ、耐摩耗性などの性能を向上させた鋼材です。JISで32種類の規格が設定されています。ドリルなどの切削工具、たがねやポンチなどの衝撃工具、プレス型などの熱間金型などに用いられます。焼入れ焼戻しをして使用します。

なお、材料記号はSKS1、SKD61など、1～2ケタの数字を付けて表します。鋼種ごとに化学成分と強度が細かく定められていますので、JISを参照しましょう。

1. SKS（Steel Kougu Special） 切削工具や衝撃工具、プレス型などで用いられます。
2. SKD（Steel Kougu Dice） ダイス鋼と呼ばれ、SKSより硬いです。プレス型などで使用されます。
3. SKT（Steel Kougu Tanzo） ニッケルを含み強靭な鋼種です。鍛造型やプレス工具で使用します。

⑤ 高速度工具鋼（SKH） JIS G 4403

高速度工具鋼（SKH）は、Steel Kougu High-speedの略です。ハイスとも呼ばれます。耐摩耗性が極めて高く，高温（600℃まで）でも硬さが低下せず高速加工ができるため、この名前がついています。合金工具鋼よりもさらにクロム、モリブデン、タングステン、バナジウムの添加量を増やしています。高価な鋼種となります。

合金工具鋼、高速度工具鋼の材料記号と、化学成分、強度を**表2-10**に示します。

表2-10 SKS、SKD、SKT、SKHの化学成分と強度

鋼種	化学成分(%)									焼なまし後
	C	Si	Mn	Ni	Cr	Mo	W	V	Co	硬度(HBW)
SKS11	1.20～1.30	≦0.35	≦0.50	≦0.25	0.20～0.50	–	3.00～4.00	0.10～0.30	–	241以下
SKD1	1.90～2.20	0.10～0.60	0.20～0.60	–	11.00～13.00	–	–	–	–	248以下
SKT3	0.50～0.60	≦0.35	0.60～1.00	0.25～0.60	0.90～1.20	0.30～0.50	–	–	–	235以下
SKH3	0.73～0.83	≦0.45	≦0.40	–	3.80～4.50	–	17.00～19.00	0.80～1.20	4.50～5.50	269以下

他の成分 P≦0.030、S≦0.030

φ(@°▽°@) メモメモ

高張力鋼（ハイテン材）とは

高張力鋼（こうちょうりょくこう）は、引張強さが490MPa以上の構造用鋼のことです。ハイテン材（High Tensile Strength Steel：HTSS）とも呼ばれます。微量の合金元素の調整や組織の調整によって、高い強度を実現しています。従来よりも板厚が薄くても強度を確保できることから、近年は自動車の軽量化に大きく貢献しています。鉄塔や船舶など、高強度が求められる用途で使われています。

ハイテン材の記号は、HT70（引張強さ686MPa）、ＨＴ80（引張強さ884MPa）などのように示します。

第2章	5	特殊用途鋼 (ステンレス鋼 等)

特殊用途鋼

特殊用途項は特殊鋼の一種で、特定の用途に適するように性能を改善した鋼材である。スレンレス鋼や、ばね鋼、軸受鋼などがある。ステンレス鋼はクロムを10.5%以上含む、錆びにくい鋼材。様々な種類がある。

特殊用途鋼は、特殊鋼の一種で、特定の用途に適するように性能を改善した鋼材です。錆びにくいステンレス鋼や、ばね特性に優れたばね鋼、ワイヤーに用いるピアノ線、軸受などで使う軸受鋼などがあります。構造材料、建築資材、自動車用部材などに使用されています（**図2-24**）。

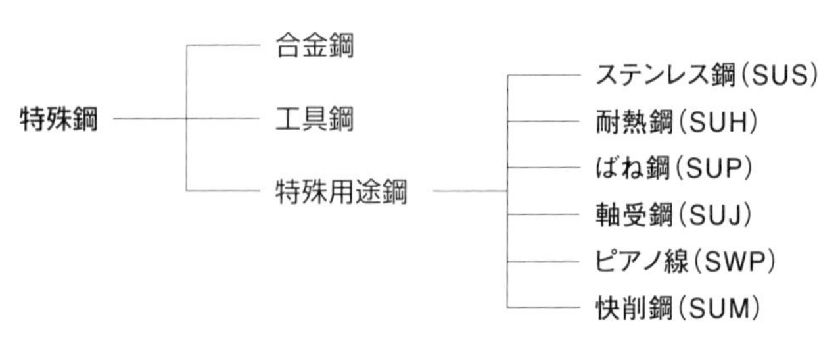

図2-24 特殊鋼(特殊用途鋼)の分類

1. ステンレス鋼

ステンレス鋼は、炭素量が1.2％以下で、クロムを10.5％以上含む、錆びにくい鋼です。

ステンレス鋼は錆びにくく、耐熱性や強度も優れています。シルバーで光沢のある美しい外観も備えています（**図2-25**）。ステンレス鋼には、強度、耐食性の度合い、磁性の違いなど、様々な種類があります。

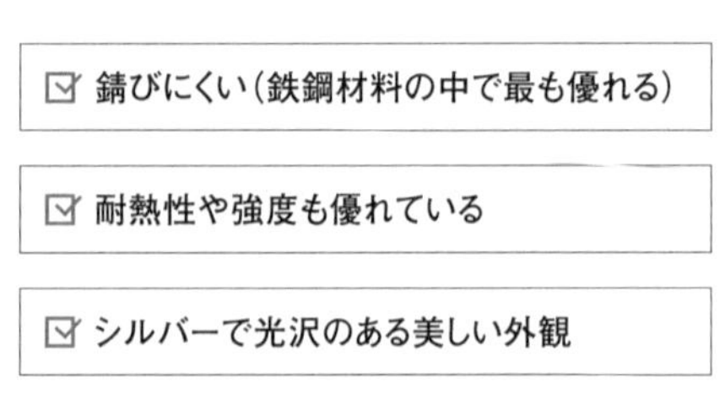

図2-25 ステンレスの特徴

1）ステンレス鋼の分類

ステンレス鋼は、マルテンサイト系やオーステナイト系などの結晶組織によって大きく分類します。CrやNiの濃度と、熱処理によって、常温で安定する組織が変わるために、このような違いが生じます。オーステナイト系の特徴として非磁性が挙げられますが、加工によってわずかに磁性を帯びることがあります。

表2-11 主要なスレンレス鋼の種類

種類	代表的成分	代表的鋼種	特徴
マルテンサイト系ステンレス鋼	13%Cr	SUS410	強度
フェライト系ステンレス鋼	18%Cr	SUS430	耐食
オーステナイト系ステンレス鋼	18%Cr-8%Ni	SUS304	耐食・非磁性
析出硬化系ステンレス鋼	17%Cr-7%Ni	SUS631	耐熱・強度
二相系ステンレス鋼	28%Cr-6%Ni	SUS329J1	耐食

2）ステンレス鋼の材料記号

ステンレス鋼の材料記号は、SUS430Pのように示します。SUSは、Steel Special Use Stainlessの略字です。数字は鋼種番号で、番号ごとに鋼種が規定されています。最後に材料の形を示す形状記号を付ける場合もあります（図2-26）。

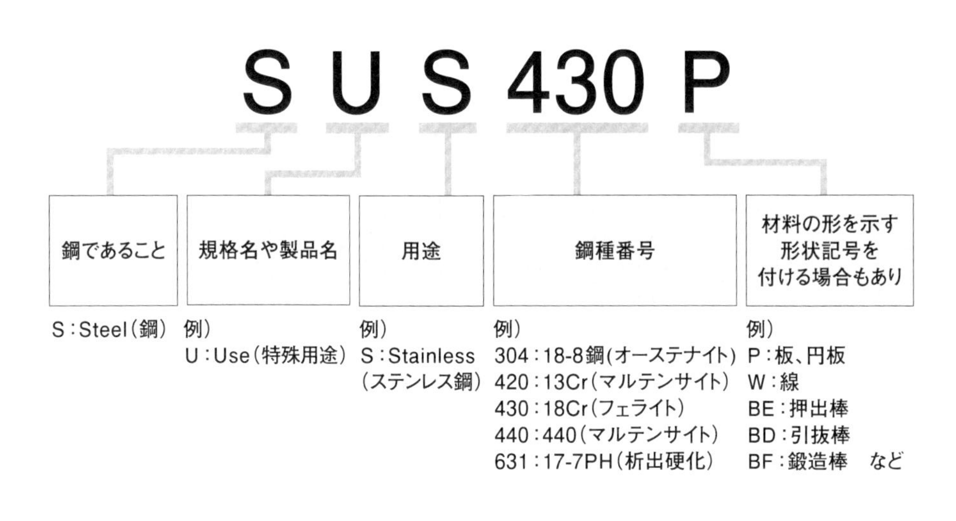

図2-26 ステンレス鋼（SUS材）の材料記号

φ(@°▽°@) メモメモ

ステンレス鋼はなぜ錆びにくい?

ステンレス鋼の特徴である高濃度のクロムが、鋼材の表面でごく薄い酸化被膜を形成します。緻密な被膜が酸素を遮断して、内部の腐食が進みません。

クロムの量が多いほど耐食性(錆びにくさ)が良くなります。
ステンレス鋼の耐食性は、耐孔食性指数:PRE(Pitting Resistance Equivalent)で示します。

PRE＝Cr(%)+3.3×Mo(%)+16×N(%)

3) 各種ステンレス鋼の特徴 JIS G 4304、JIS G 4305

① マルテンサイト系ステンレス(代表的鋼種:SUS403、SUS410)

マルテンサイト組織を持つステンレス鋼です。13クロムステンレスとも呼ばれます。SUS403、SUS410は、クロムを11.5〜13%含みます(**表2-11**)。高強度や高硬度、高温にさらされるものに使われます。磁性があります。溶接性は比較的悪いです。耐食性は、フェライト系、オーステナイト系よりも低いです。

表2-11 SUS403、SUS410の化学成分と強度

鋼種	化学成分						耐力	引張強さ
	C	Si	Mn	P	S	Cr	MPa	MPa
SUS403	≦0.15	≦0.50	≦1.00	≦0.040	≦0.030	11.50〜13.00	205以上	440以上
SUS410	≦0.15	≦1.00	≦1.00	≦0.040	≦0.030	11.50〜13.50	205以上	440以上

② フェライト系ステンレス(代表的鋼種:SUS430)

高温でもフェライト組織のままのステンレスです。18%程度のクロムを含み、18クロムステンレスとも呼ばれます(**表2-12**)。熱処理しても硬化しません。磁性があります。応力腐食割れが発生しません。耐食性はオーステナイト系よりも低いですが、マルテンサイト系より高いです。

表2-12 SUS430の化学成分と強度

鋼種	化学成分						耐力	引張強さ
	C	Si	Mn	P	S	Cr	MPa	MPa
SUS430	≦0.12	≦0.75	≦1.00	≦0.040	≦0.030	16.00〜18.00	205以上	420以上

③ オーステナイト系ステンレス（代表的鋼種：SUS303、SUS304）

オーステナイト組織を持つステンレス鋼です。代表的鋼種はSUS303やSUS304で、クロムを18%、ニッケルを8%程度含みます（**表2-13**）。18-8ステンレスとも呼ばれます。非磁性ですが、冷間加工で少しの磁性が出ます。加工性、溶接性はステンレス鋼の中で最も優れています。また、耐食性、耐熱性、低温靱性に優れています。相変態しないため、焼入れの効果はありません。応力腐食割れを起こしやすい点に注意が必要です。

表2-13　SUS303、SUS304の化学成分と強度※

鋼種	化学成分							耐力	引張強さ
	C	Si	Mn	P	S	Ni	Cr	MPa	MPa
SUS303	≦0.15	≦1.00	≦2.00	≦0.20	≦0.15	8.00～10.00	17.00～19.00	205以上	520以上
SUS304	≦0.08	≦1.00	≦2.00	≦0.045	≦0.030	8.00～10.50	18.00～20.00	205以上	520以上

※固溶化熱処理状態

④ 析出硬化系ステンレス（代表的鋼種：SUS630）

オーステナイト相にフェライトやマルテンサイトを析出させたステンレスです。クロム、ニッケル、銅、ニオブを含みます（**表2-14**）。磁性があります。1100℃に加熱して組織にクロムを溶かし込んでから急冷し（溶体化処理）、析出硬化を行います。析出硬化処理を示すH900と言う記号は、華氏温度900℉で、摂氏温度482℃の処理を意味します。H1025は552℃、H1075は579℃、H1150は621℃となります。耐食性はオーステナイト系よりも低いですが、マルテンサイト系よりは高いです。

表2-14 SUS630の化学成分と強度

鋼種	化学成分							耐力（熱処理）	引張強さ（熱処理）
	C	Si	Mn	Ni	Cr	Cu	Nb	MPa	MPa
SUS630	≦0.07	≦1.00	≦1.00	3.00～5.00	15.00～17.00	3.00～5.00	0.15～0.45	1175以上（H900）	1310以上（H900）
								1000以上（H1025）	1070以上（H1025）
								860以上（H1075）	1000以上（H1075）
								725以上（H1150）	930以上（H1150）

他の成分　P≦0.040、S≦0.030

⑤ 二相系ステンレス（代表的鋼種：SUS329J1、SUS327L1）

オーステナイト相とフェライト相からなるステンレス鋼で、優れた強度と耐食性を示します。化学プラントや海水設備等で使われています。ニッケルとモリブデンが多いほど耐食性が高くなりますが、コストも高くなります。一般的なSUS329J1の他に、ニッケルが多く耐食性の高いスーパー二相系SUS327L1や、モリブデンを減らしてコストを抑えたリーン二相系と呼ばれるSUS821L1などの鋼種があります（**表2-15**）。

表2-15 二相系ステンレスの化学成分と強度※

鋼種	化学成分(%)									強度		耐食性
	C	Si	Mn	P	S	Ni	Cr	Mo	N	引張強さ (MPa)	硬度 (HBW)	耐食性 (PRE)
SUS329J1	≦0.08	≦1.00	≦1.50	≦0.04	≦0.03	3.00～6.00	23.00～28.00	1.00～3.00	—	590以上	277以下	35
SUS327L1	≦0.03	≦0.80	≦1.20	≦0.035	≦0.02	6.00～8.00	24.00～26.00	3.00～5.00	0.24～0.32	795以上	310以下	40～45
SUS821L1	≦0.03	≦0.75	2.00～4.00	≦0.04	≦0.02	1.50～2.50	20.50～21.50	≦0.60	0.15～0.20	600以上	290以下	25～30

※耐食性は参考値（JISに規定なし）

φ(@°▽°@) メモメモ

様々な環境で使われる特殊なステンレス

スレンレス鋼は屋外や海洋、化学プラントなど、厳しい環境で使用されます。
ステンレス鋼は改良が進められ、様々な鋼種が開発されています。

◆マルテンサイト系ステンレス鋼（13Cr）の性能向上

・SUS403（13Cr-Si）（Siを添加して耐熱性向上）
・SUS405（13Cr-低Al）（Alを低下させて溶接性向上）
・SUS416（13Cr-0.1C-S）（Sを追加して切削性向上）

◆フェライト系ステンレス鋼（18Cr）の溶接性・耐食性向上

・SUS430LX（18Cr-Ti,Nb-LC）
（炭素を減らして溶接性向上）…洗濯槽
・SUS434（18Cr-1Mo）
（Moを添加して耐食性向上）…自動車のモール

◆フェライト系ステンレス鋼（19Cr）の耐食性向上

・SUS444（19Cr-2MoTi, Nb-LC,N）（Mo添加して耐食性向上）…電気温水器のタンク
・SUS445J2（19Cr-2Mo-LC,N）（Mo添加して耐食性向上）…臨海ドーム球場の屋根
・SUS447J1（30Cr-2Mo-LC,N）（Cr増加して耐食性向上）…臨海の空港の屋根

◆オーステナイト系ステンレス（18Cr-8Ni）の加工性・耐食性向上

・SUS304　（18Cr-8Ni）…車のエキゾーストマニホールド、エスカレータの階段部
・SUS304T　（18Cr-9Ni）（軟質、低加工硬化、高延性化）…注射針
・SUS301（17Cr-7Ni-LC）（加工硬化性）…車のマフラーのメタルガスケット
・SUS312L（20Cr-18Ni-6Mo-0.7Cu-0.2N-LC）（高耐食・耐海水）…橋脚、プラント、海洋設備
・SUS836（22Cr-25Ni-6Mo-0.2N-LC）（高耐食・耐海水）…醤油の仕込みタンク

SUS312Lはスーパーステンレス鋼と呼ばれ、オーステナイト系ステンレスの耐食性や加工性を生かし、さらに海洋環境下でも使える高耐食化、機械的強度の向上を実現しています。

スプーンなどのカトラリーに「18Cr」のように表記がある場合があります。

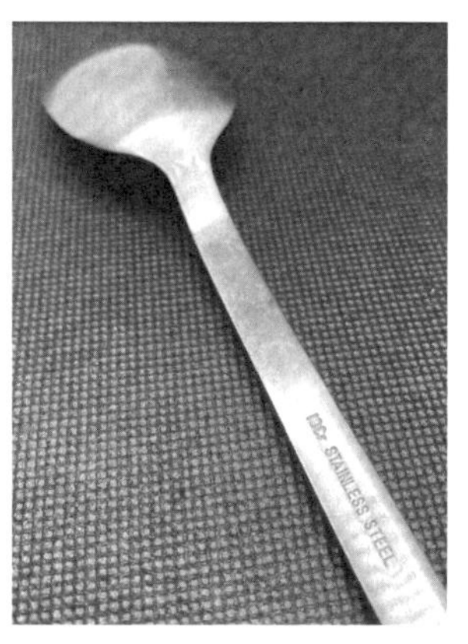

2. ばね鋼　JIS G 4801

ばね材として使用される鋼材です。鋼材の中でもとくに高強度の材料となります。材料記号SUPのPは、sPringのPです（図2-27）。

化学成分の異なるいくつかの鋼種が規定されています（表2-16）。

炭素鋼と合金鋼があり、板厚の厚いものや線径の太いばねには、焼入れ性の良い合金鋼が使用されます。

図2-27 ばね鋼（SUP材）の材料記号

表2-16 ばね鋼（SUP材）の化学成分と強度※

鋼種	化学成分								引張強さ MPa	鋼材の分類
	C	Si	Mn	P	S	Cr	Mo	B		
SUP7	0.56～0.64	1.80～2.20	0.70～1.00	≦0.030	≦0.030	—	—	—	1226以上	炭素鋼
SUP9	0.52～0.60	0.15～0.35	0.65～0.95			0.65～0.95	—	—		合金鋼
SUP11A	0.56～0.64	0.15～0.35	0.70～1.00			0.70～1.00	—	<0.005		
SUP12	0.51～0.59	1.20～1.60	0.60～0.90			0.60～0.90	—	—		

※引張強さは参考値（JISに規定なし）

設計目線で見る「ばねのへたりにはSi添加量に注目すべき件」

ばねの劣化現象に「へたり」があります。これはばねが繰り返し動作したり過剰な力（弾性限を超える力）が加わったりしたときに、ばねが塑性変形を起こして、元の形状に戻らなくなる現象です。

ばね鋼はへたりが出にくいように降伏点を増すSi（ケイ素）を多く添加したものもあります。Siの添加量に着目しましょう。

3. ピアノ線　JIS G 3522

ピアノ線（SWP）は、硬鋼線材で、表面傷や脱炭などの品質レベルを管理している高品位な鋼材です。冷間引抜材を熱処理してから伸線加工することにより、加工硬化で強度を高めています。機械製品の動的ばねに使われます。

オイルテンパー線（JIS G 3560、JIS G 3561）は、油焼入れ焼戻しをしてマルテンサイト化し、高い抗張力と靭性を与えたものです（図2-28、表2-17）。

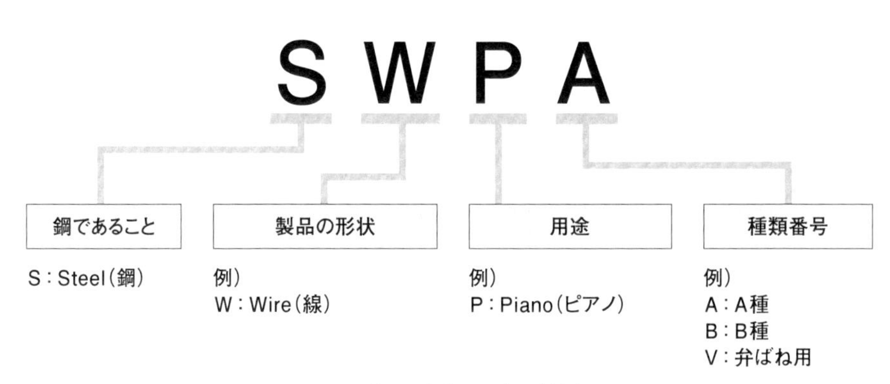

図2-28 ピアノ線（SWP）の材料記号

表2-17 ピアノ線（SWP）、オイルテンパー線（SWO）の化学成分と強度

鋼種	種類	化学成分							引張強さ MPa（φ2の場合）
		C	Si	Mn	P	S	Cr	Cu	
SWPA	ピアノ線 A種	JIS G 3502（ピアノ線材）に適合すること							1810～2010
SWPB	ピアノ線 B種								2010～2020
SWOSC-V	弁ばね用 シリコンクロム鋼 オイルテンパー線	0.50～0.60	1.20～1.60	0.50～0.80	≦0.025	≦0.025	0.50～0.80	≦0.20	1900

φ(@°▽°@)　メモメモ

ピアノ線の熱処理「パテンチング」

ピアノ線の優れたばね性能は、パテンチングと言う特殊な熱処理によって与えられます。線材を冷間引抜きしてから、900～950℃で数分間加熱します。そこから500℃前後の熱浴で急冷してから、冷却します。

パテンチング処理の後に、さらに伸線加工をして強化させていきます。

4. 快削鋼　JIS G 4804

硫黄や鉛を添加して、一般の鋼材に比べ被削性を高めた鋼材です。切削効率がよく、製品の加工精度を高めることができます。機械的性質がそれほど要求されず、加工精度が求められる部品に適用します。

JISでは「硫黄及び硫黄複合快削鋼」として定められています。材料記号SUMのMは切削性（Machinability）を表します（図2-29、表2-18）。

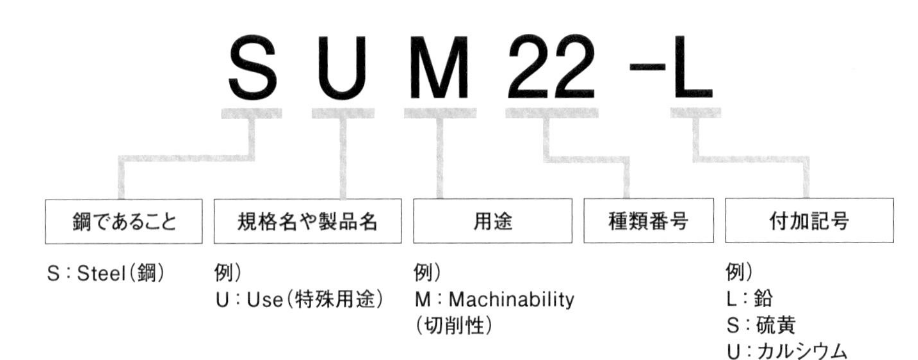

図2-29 快削鋼（SUM材）の材料記号

表2-18 快削鋼（SUM材）の化学成分と強度

鋼種	化学成分					引張強さ MPa
	C	Mn	P	S	Pb	
SUM22	≦0.13	0.70～1.00	0.70～1.20	0.24～0.33	−	−
SUM22L					0.10～0.35	−
SUM31	0.14～0.20	1.00～1.30	≦0.040	0.08～0.13	−	−
SUM31L					0.10～0.35	−

快削鋼ってあまり使われなくなっているんですか？

鉛（Pb）を含むからだね。欧州のRoHS指令では鉛は規制対象なんだ。鋼材の0.35%までの鉛は適用除外だけど、1キロの鋼材に3.5グラムの鉛が含まれると考えると、かなり多いからね。
鉛を含まない鋼種（SUM22など）を選択することもできるね。

第2章 | 6

鋳鉄

鋳鉄（ちゅうてつ）

炭素を2.14%以上含む鋼材。硬く、振動減衰性に優れる。引張強さや靭性が低い。鋳型に流し込んで鋳造を行う。ねずみ鋳鉄、球状黒鉛鋳鉄、可鍛鋳鉄などがある。

1．鋳鉄とは

鋳鉄は炭素を2.14％以上含む鉄鋼材料です。銑鉄やスクラップを再溶解し、あらかじめ用意した鋳型に流し込み形を作ります。鋳鉄は、振動減衰性や耐摩耗性に優れています。引張強さは低く、脆い点も特徴です。鋳造により様々な形状を作ることができます（**図2-30**）。

☑ 比較的複雑な形状が自由にできる	☑ 振動の減衰性能、耐摩耗性に優れる	☑ 収縮するため精度に劣る
☑ 加工には鋳型が必要	☑ 引張強さ、延性、じん性が低い	☑ 薄物形状が困難

図2-30 鋳鉄の特徴

1）鋳鉄の用途

自動車部品（エンジンブロック、タイヤホイール、ブレーキローターなど）、機械構造物の支持台、マンホール、ドアノブ、鍋や食器など、幅広く活用されています。

2）鋳鉄の材料記号

鋳鉄の材料記号はFC250のように示します。FはFerrum（鉄）、CはCasting（鋳造）です。数字は最低引張強さを示します（**図2-31**）。

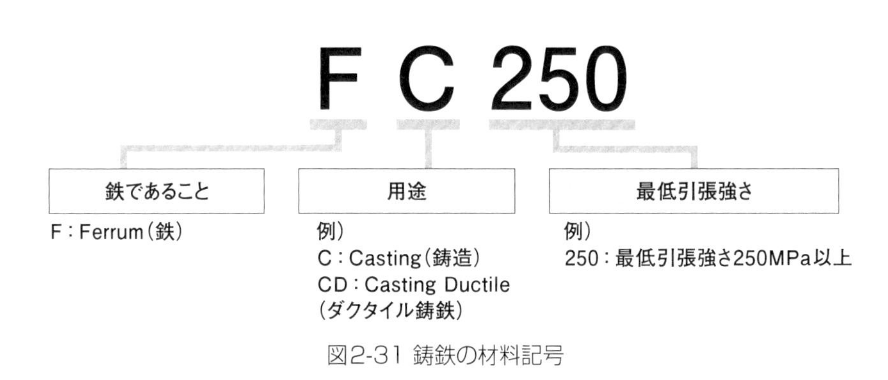

図2-31 鋳鉄の材料記号

3）鋳鉄の種類

鋳鉄には、ねずみ鋳鉄、白鋳鉄、まだら鋳鉄、球状黒鉛鋳鉄などの種類があります。

表2-19 鋳鉄の種類

種類	材料記号	特徴
ねずみ鋳鉄（普通鋳鉄）	FC	断面がねずみ色の鋳鉄。黒鉛は片状になっている。振動減衰性能に優れる。引張強度は150～250MPaと低く、伸びが0%。黒鉛を細かくして丸みをもたせて強靭にしたものを強靭鋳鉄と言う。
白鋳鉄	―	断面が白色の鋳鉄。炭素やケイ素が少ない組成のもの。セメンタイト（Fe_3C）が析出。
まだら鋳鉄	―	ねずみ鋳鉄と白鋳鉄の混合。
芋虫状黒鉛鋳鉄	FCV	ねずみ鋳鉄と球状黒鉛鋳鉄の中間の性質。
球状黒鉛鋳鉄	FCD	マグネシウムやセリウムを添加して黒鉛を球状にした鋳鉄。ねずみ鋳鉄よりも引張強度が高く、数%～20%程度の伸びを有する。ダクタイル鋳鉄、ノジュラ鋳鉄とも呼ばれる。
可鍛鋳鉄	FCM	熱処理で強靭化した鋳鉄。
黒芯可鍛鋳鉄	FCMB	脱炭素以外の熱処理で、フェライト組織となった鋳鉄。黒鉛は、塊状黒鉛の形で存在する。
白芯可鍛鋳鉄	FCMW	熱処理により脱炭させた可鍛鋳鉄。
パーライト可鍛鋳鉄	FCMP	脱炭素以外の熱処理で、パーライトまたはオーステナイト系組織となった鋳鉄。黒鉛は、塊状黒鉛の形で存在する。
合金鋳鉄	―	ニッケル、クロム等を含む鋳鉄。

① 成分による組織の違い

鋳鉄は炭素やケイ素の量が多いとねずみ鋳鉄となり、黒鉛（グラファイト）が晶出し、断面が黒っぽくなります。炭素やケイ素の量が少ない場合は白鋳鉄になります。

炭素とケイ素の含有量が組織を変化させます（**図2-32、表2-20**）。

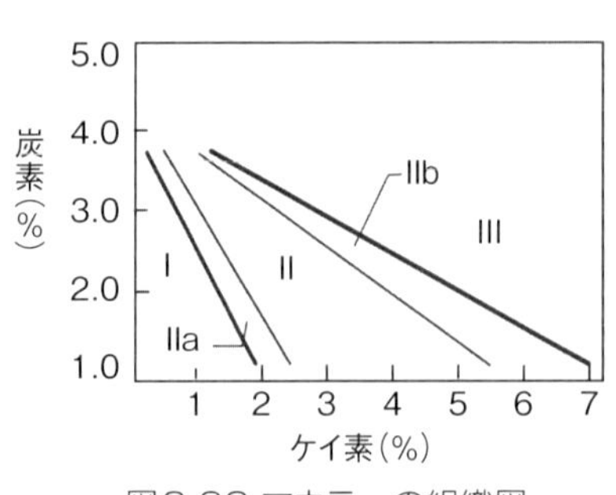

図2-32 マウラーの組織図

表2-20 各領域の鋳鉄の種類と組織

領域	種類	組織
I	白鋳鉄	セメンタイト+パーライト
IIa	まだら鋳鉄	セメンタイト+パーライト+黒鉛
II	ねずみ鋳鉄	パーライト+黒鉛
IIb	ねずみ鋳鉄	パーライト+黒鉛+フェライト
III	ねずみ鋳鉄	フェライト+黒鉛

② 代表的な鋳鉄の特徴

a）ねずみ鋳鉄（FC）　JIS G 5501

ねずみ鋳鉄は最も一般的な鋳鉄で、片状の黒鉛を含んでいます。引張強さは150～350MPa程度で、引張に弱いという特徴があります（表2-21）。含有炭素量が多いため、塑性加工や溶接は難しい材料です。また、伸びが規定されていないため、圧入（できないことはありませんが）など材料にストレスがかかる構造にも不向きであることがわかります。

振動減衰性が良いことから、ギヤボックスやケーシングなどの産業機械部品に使われます。耐摩耗性が優れるため、ブレーキローターなどにも使われます。熱伝導性が良く熱衝撃に強いことから、工作機械用の支持台や、エンジンのシリンダー、加工機の回転部などに使われます。

表2-21 ねずみ鋳鉄（FC材）の化学成分と強度

鋼種	化学成分*					引張強さ MPa	0.2% 耐力 MPa	伸び %	区分
	C	Si	Mn	P	S				
FC150	3.5～3.8	2.3～2.8	0.5～0.8	≦0.25	≦0.10	150以上	－	－	普通鋳鉄
FC250	3.2～3.5	1.7～2.2	0.6～0.9	≦0.15	≦0.10	250以上	－	－	強靭鋳鉄
FC350	2.9～3.2	1.5～2.0	0.7～1.0	≦0.10	≦0.12	350以上	－	－	

*化学成分は、受け渡し当事者間の協定によるため、上記数値は参考値

b）球状黒鉛鋳鉄（FCD）　JIS G 5502

球状黒鉛鋳鉄は、マグネシウムを0.04%、カルシウムとセリウムを0.02%以上とすることで黒鉛を球状化した鋳鉄です。ダクタイル鋳鉄、ノジュラ鋳鉄とも言います。400MPa以上の引張強さを持ちます（表2-22）。鋳造時の冷却方法や熱処理により、機械的性質を調整することができます。

球状黒鉛鋳鉄は、片状黒鉛鋳鉄よりも粘りがあり、耐摩耗性が高く、切削しやすい材料となります。ねずみ鋳鉄より耐摩耗性が必要な場合や、機械的性質が良好な材料が必要とされる用途で用いられます。

表2-22 球状黒鉛鋳鉄（FCD材）の化学成分と強度

鋼種	化学成分*								引張強さ MPa	0.2%耐力 MPa	伸び %
	C	Si	Mn	P	S	Mg	Cr	Mo			
FCD400-18	3.6～3.8	2.6～2.8	≦0.3	≦0.05	≦0.02	0.040	－	－	400以上	250以上	15以上
FCD500-7	3.5～3.6	2.5～2.7	≦0.4	≦0.05	≦0.02	－	≦0.1	≦0.15	500以上	320以上	7以上
FCD600-3	3.4～3.55	2.2～2.4	0.4～0.6	≦0.06	≦0.02	0.04～0.05	－	≦0.30	600以上	370以上	3以上

＊化学成分は、受け渡し当事者間の協定によるため、上記数値は参考値

φ(@°▽°@) メモメモ

FCやFCDの化学成分について

FC材やFCD材の化学成分については、JISには「受け渡し当事者間の協定による」とされており、あくまで参考値となります。

なお、FCD材の組織内の黒鉛の球状化の程度については、特に当時者間で取り決めがない場合は、80％以上の球状化率という規定があります。

c）可鍛鋳鉄（FCMW、FCMB、FCMP） JIS G 5705

熱処理によって黒鉛を塊状にして、強靭化した鋳鉄です。顕微鏡組織で片状黒鉛が観察されません。伸びが規定されていることからストレスのかかる機構部品（配管や継ぎ手など）に使用されます。以下のように分類されます。

- 白心可鍛鋳鉄（FCMW）…熱処理により脱炭素化します。フェライトやパーライトの組織になります。
- 可鍛鋳鉄（FCMB）…脱炭素化をしない熱処理をします。フェライト組織になります。
- パーライト可鍛鋳鉄（FCMP）…脱炭素化をしない熱処理をします。パーライトやオーステナイト系の組織になります。

φ(@°▽°@) メモメモ

鋳鉄の組織観察からわかること

鋳鉄は、顕微鏡組織観察で様々な情報を得られます。黒鉛は、片状、芋虫状、球状などの名前の通りの形状の黒い塊として観察されます。黒鉛の微細化や脱炭素化の様子も確認できます。球状黒鉛の周辺はフェライト組織になり、熱処理によってパーライト化させる場合はフェライトの周囲に形成されます（**図2-33**）。

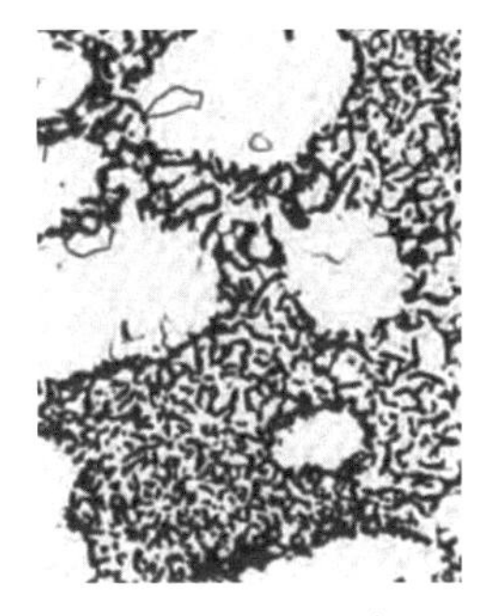

FC（黒鉛微細化）

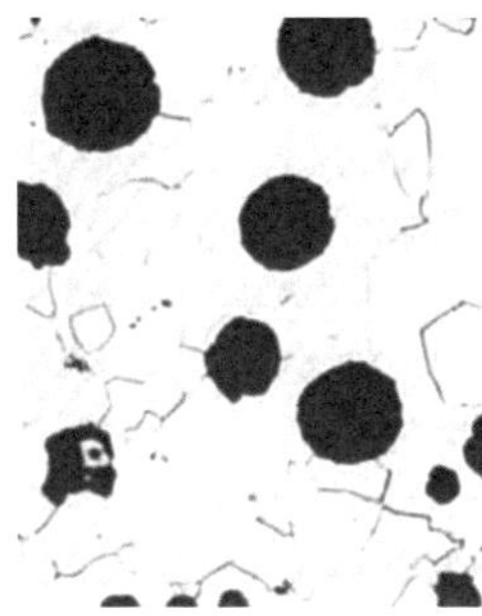
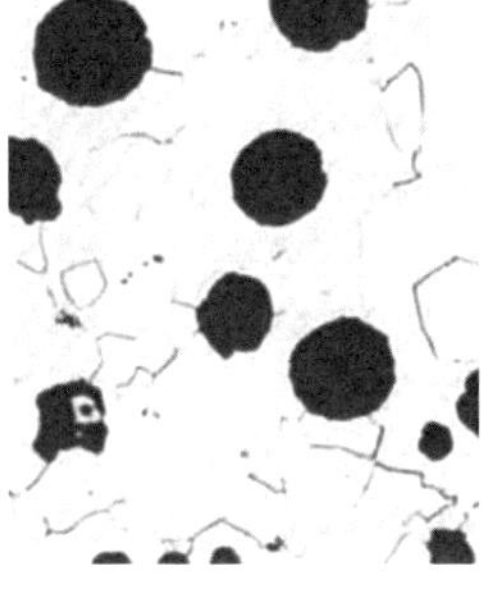

FCD500相当
（フェライト）

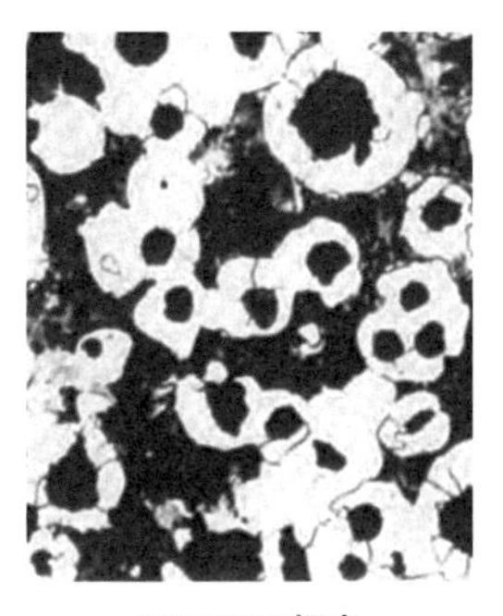

FCD600相当
（フェライト＋パーライト）

図2-33 鋳鉄の組織

（提供：日本鋳造株式会社）

2. 鋳造（ちゅうぞう）

鋳造は、溶かし込んだ材料を鋳型（いがた）に流して、冷やして固める加工法で、鋳造によって作られた素材を鋳塊（ちゅうかい：インゴット）、造形物を鋳物（いもの）と言います（図2-34）。

鋳物は、自動車部品（エンジンブロックやシャフト）、配管や継ぎ手、工作機器など、産業界で広く用いられています。

図2-34 鋳造の鋳込みの様子（提供：日本鋳造株式会社）

設計目線で見る「鋳鉄の溶接は難しいが、工夫次第である件」

一般に、鋳鉄は溶接が難しいと言われています。これは、黒鉛があるために電気が通りやすく、温度を上げにくいことに加えて、溶融時に黒鉛が消失したり変形して片状化したりするなどの変化が起こり、強度の悪化が生じやすいことが原因です。

鋳鉄を溶接する場合には、鋼の溶接よりも電流を上げて高出力で行う方法や、高ニッケル含有の溶接棒を使用する対策があります。また、抵抗溶接という電流で接合をアシストする固相接合法を用いる方法もあります。その他に、接合部に金属粉末を塗布して接合性を高めるなどの方法も研究されています。鋳鉄の種類によっても難易度が異なるため注意が必要です。

鋳造法には、連続鋳造法、砂型鋳造法、ロストワックス法、ダイカスト法などがあります（表2-23）。

表2-23 様々な鋳造法

鋳造法	方法	特徴
連続鋳造法	・製鉄工程で、溶鋼から鋼材（棒鋼や板材）を連続的に製造する	・製鉄の連続プロセス ・生産性が高い
砂型鋳造法（図2-35）	・木製や樹脂製の模型を用いて、砂型（すながた）を作り、溶湯を流し込む ・工期の短い生砂型や、高強度化できる乾燥砂型など	・低コストで製造できる ・大型化に対応しやすい ・試作や少量生産に向いている
ロストワックス法（精密鋳造）	・ワックス（ろう）で作った模型を砂で固め、ワックスを溶かして鋳型にする	・寸法精度が高く、鋳肌が平滑 ・形状自由度が高く、複雑形状も可 ・航空機タービンなどに使用
シェルモールド法	・金属模型を用いて、熱硬化性樹脂で鋳型を作る	・鋳型のガス抜けがよく、鋳肌が良い ・薄肉金属や、精度の高いエンジン部品などに使用
フルモールド法（消失模型鋳型法）	・発泡スチロール模型で、砂型を作り、溶湯の熱で模型を溶かす	・バリが少なく、複雑形状が可能 ・自動車部品など広い分野で使用
Vプロセス法（減圧模型鋳造法）	・模型にフィルムを重ねて真空中の砂型で鋳造する	・ガスの発生が少なく、鋳肌が良い ・砂を再利用できる ・複雑形状は難しい
金型鋳造法（重力金型鋳造法）	・金型に溶湯を自重で流し込む	・寸法精度が高く、鋳肌が良い
ダイカスト法	・精密な金型に高速・高圧で溶湯を充填し、鋳物を成形する	・寸法精度が高く、鋳肌が良い ・高速大量生産、薄肉の加工が可能 ・金型コストが高い

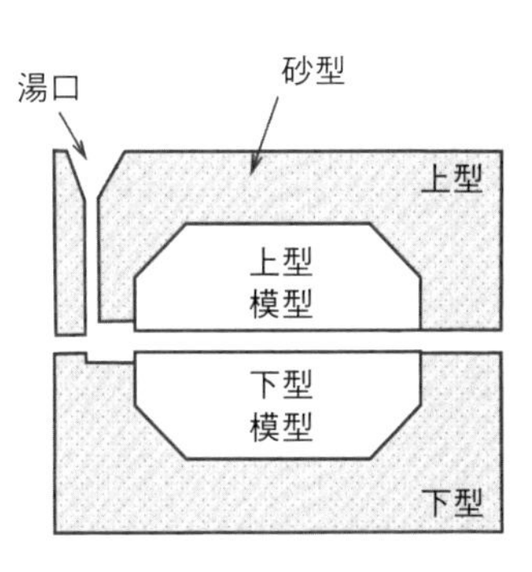

図2-35 砂型鋳造法と機械加工前の鋳物部品

第3章

専門性を発揮する！
「非鉄材料」

アルミニウム材料

アルミニウム材料

アルミニウム材料は、軽量で強度や耐食性が高い、代表的な非鉄金属材料。数多くの合金が開発されている。熱処理（調質）も様々な方法があるので理解しておく必要がある。

1．アルミニウム材料とは

アルミニウム材料は非鉄金属の中でも代表的な材料の１つです。比重は2.7で鉄の約1/3であり、軽さが魅力です。様々な合金が開発されています。耐食性が高く、加工性、熱伝導性、リサイクル性などが良いことから、電気部品、容器、機械部品、自動車部品など、様々な用途で使われています（図3-1）。

アルミニウム材料は、展伸材（てんしんざい）と、鋳造材（ちゅうぞうざい）があります。展伸材は、材料を圧延や鍛造によって加工した材料で、板、条、棒、線、管、箔などの形状の材料です。鋳造材は、鋳物材（いものざい）とも呼ばれ、熱で材料を溶かして、金型に入れて冷やして固めることを前提とした材料です。鋳造材には、高速の鋳造技術であるダイカスト用の材料もあります。

- ☑ 軽い
- ☑ 耐食性が良い
- ☑ 低温に強い
－190℃でも脆性破壊しにくい
- ☑ 加工性が良い
- ☑ 熱伝導率、電気伝導性が良い
- ☑ 非磁性
- ☑ 外観が美しい
- ☑ リサイクルできる

図3-1 アルミニウムの特徴

2．アルミニウム材料（展伸材）の分類

アルミニウムとその合金材料（展伸材）は、熱処理をせず冷間加工をおこなう非熱処理型と、焼入れ焼戻しなどを行う熱処理型合金に分類されます（図3-2）。

非熱処理型合金
圧延、押出し、引抜きなど主に冷間加工によって所定の強度を得る

1000系（純アルミニウム）
3000系（Al-Mn系）
4000系（Al-Si系）
5000系（Al-Mg系）

熱処理型合金
焼入れ、焼戻しなどによって所定の強度を得る

2000系（Al-Cu-Mg系）
6000系（Al-Mg-Si系）
7000系（Al-Zn-Mg系）

図3-2 アルミニウム合金の種類

3．アルミニウム材料（展伸材）の材料記号　JIS H 4000、JIS H 4140

アルミニウム材料（展伸材）の材料記号は、A2017Pのように表記します。Aはアルミニウム、数字は合金の種類、最後の英字は形状記号です（図3-3）。

アルミニウム材料のJIS規格は「JIS H 4000 アルミニウム及びアルミニウム合金の板及び条」（A4032以外）、「JIS H 4140 アルミニウム及びアルミニウム合金鍛造品」（A4032）があります。

A 2017 P

アルミニウム/アルミニウム合金であること	国際登録合金番号	材料の形を示す形状記号を付ける場合もあり
A：Aluminium （アルミニウム）	例）4桁目（一番左側） 1XXX：純度99.00％以上の純アルミニウム 2XXX：Al-Cu-Mg系合金 3XXX：Al-Mn系合金 4XXX：Al-Si系合金 5XXX：Al-Mg系合金 6XXX：Al-Mg-Si系合金 7XXX：Al-Zn-Mg系合金 8XXX：上記以外の系統の合金	例） P：板、条、円板 BE：押出棒 BD：引抜棒 W：引抜き線　　など

図3-3 アルミニウム合金の材料記号

アルミニウム合金はなぜこんなに多くの種類があるんですか？

材料の分類の理由に興味を持つのはいいことだね！同じアルミニウムでも、添加する元素によって、機械的強度や、耐食性、加工性などが全然違うんだ。

4. 各種アルミニウム材料（非熱処理型合金）

各種アルミニウム材料の特徴を見ていきましょう。まずは非熱処理型合金に分類される4種類です。なお以下の表で、耐力・引張強さは参考値で、素材メーカーにより異なります。熱処理を表す調質記号については、後ほど解説します。

① 1000系（純アルミニウム）

アルミニウムの純度99％以上の純アルミニウムです。A1100やA1200が多く使われます（**表3-1**）。

電気や熱の伝導性に優れています。加工性が良く、表面処理もしやすい特徴があります。

耐食性はアルミニウム合金の中で最良ですが、強度は弱いため強さが必要とされない用途で用いられます。

日用品、電気部品、放熱材などに使用されています。

表3-1 1000系(純アルミニウム)の化学成分と強度

材料記号	化学成分								耐力	引張強さ
	Si	Fe	Cu	Mn	Mg	Zn	Cr	Ti	MPa	MPa
A1100	(Si+Fe) ≦0.95		0.05～0.20	≦0.05	－	≦0.10	－	－	35 質別O	90 質別O

質別O：焼なまし

② 3000系（Al-Mn系）

マンガン（Mn）を添加することによって、アルミニウムの加工性や耐食性を低下させることなく、強度を上げたものです。

A3003などの材種があります（**表3-2**）。

深絞りなどの成形が可能ですが、切削性はあまり良くありません。

建材、アルミ缶、台所用品、電球の口金などに使用されます。

表3-2 3000系(Al-Mn系)の化学成分と強度

材料記号	化学成分								耐力	引張強さ
	Si	Fe	Cu	Mn	Mg	Zn	Cr	Ti	MPa	MPa
A3003	≦0.6	≦0.7	0.05～0.20	1.0～1.5	－	≦0.10	－	－	35以上※ 質別O	93～135 質別O

※厚さ0.3mm超の場合

質別O：焼なまし

③ 4000系（Al-Si系）

ケイ素（Si）を添加して、熱膨張係数が低く、耐熱性、耐摩耗性にすぐれている材料です。

アルマイト処理によって表面を装飾して建材などに利用されます。

A4032は、鍛造ピストン材料（JIS H 4140）として用いられます（**表3-3**）。

4000系のアルミニウム合金は溶融温度が低いため、ろう材、溶接ワイヤーとしても使用されます。

表3-3 4000系(Al-Si系)の化学成分と強度

材料記号	化学成分								耐力	引張強さ
	Si	Fe	Cu	Mn	Mg	Zn	Cr	Ti	MPa	MPa
A4032	11.0～13.5	≦1.0	0.5～1.3	–	0.8～1.3	≦0.25	≦0.1	–	295以上 質別T6	365以上 質別T6

質別T6：溶体化処理後人工時効硬化処理したもの

④ 5000系（Al-Mg系）

マグネシウム（Mg）を添加した、耐食性や溶接性が良い材料で、一般的によく利用されます。

A5052は中程度のマグネシウム添加量です（**表3-4**）。

添加量が多いものは、缶ふた材や、船舶、車両、化学プラントなどの構造用材として使用されます。

A5110はマグネシウム添加量が少なく、装飾用材、建材、器物用材に使用されます。

応力腐食割れ防止のため、マグネシウムを減らしマンガンを増やしたA5083やA5086もあります。

表3-4 5000系(Al-Mg系)の化学成分と強度

材料記号	化学成分								耐力	引張強さ
	Si	Fe	Cu	Mn	Mg	Zn	Cr	Ti	MPa	MPa
A5052	≦0.25	≦0.40	≦0.10	≦0.10	2.2～2.8	≦0.10	0.15～0.35	–	220以上 質別H38	270以上 質別H38
A5110	≦0.15	≦0.25	≦0.20	≦0.20	0.20～0.6	≦0.03	–	–	–	165以上 質別H18

質別H38：加工硬化後安定化処理したもの
質別H18：加工硬化したもの

5．アルミニウム材料の特徴（熱処理型合金）

続いて、熱処理型合金系アルミニウム材料の特徴について見ていきましょう。こちらは3種類です。非熱処理型と同様に、以下の表の耐力・引張強さは参考値で素材メーカーにより異なります。

① 2000系（Al-Cu-Mg系）

銅を添加して、強度向上した材料です。ジュラルミン、超ジュラルミンとして知られるA2017、A2024が代表的なものです（**表3-5**）。熱処理によって、鋼材に匹敵する強度を実現します。構造用材や鍛造材として使用されます。

他の合金に比べ、耐食性や、溶接性は悪いです。表面に耐食性の高い純アルミニウムを重ねたクラッド材のような使い方もあります。

表3-5 2000系(Al-Cu-Mg系)の化学成分と強度

材料記号	化学成分								耐力	引張強さ
	Si	Fe	Cu	Mn	Mg	Zn	Cr	Ti	MPa	MPa
A2017 ジュラルミン	0.20 ～ 0.80	≦0.7	3.5 ～ 4.5	0.40 ～ 1.0	0.40 ～ 0.8	≦0.25	≦0.10	≦0.15	195以上※ 質別T4	355以上 質別T4
A2024 超ジュラルミン	≦0.5	≦0.5	3.8 ～ 4.9	0.30 ～ 0.9	1.2 ～ 1.8	≦0.25	≦0.10	≦0.15	275以上 質別T4	425以上 質別T4

※厚さ0.5mm超の場合

質別T4：溶体化処理後自然時効させたもの

② 6000系（Al-Mg-Si系）

マグネシウムとケイ素を添加して、強度、耐食性を向上した材料です。A6063などの材種があります（**表3-6**）。

押出加工性にすぐれ、複雑な断面形状の形材が得られることから、構造用材、特にアルミサッシに多用されています。また、電気伝導率が高いため、導電材料として利用されます。

表3-6 6000系(Al-Mg-Si系)の化学成分と強度

材料記号	化学成分								0.2%耐力	引張強さ
	Si	Fe	Cu	Mn	Mg	Zn	Cr	Ti	MPa	MPa
A6061	0.40 ～ 0.8	≦0.7	0.15 ～ 0.04	≦0.15	0.8 ～ 1.2	≦0.25	≦0.04 ～ 0.035	≦0.15	245以上※ 質別T6	295以上 質別T6

※厚さ0.5mm超の場合

質別T6：溶体化処理後人工時効硬化処理したもの

③ 7000系（Al-Zn-Mg系）

亜鉛とマグネシウムを添加した、アルミニウム合金の中で最も強度の高い材料です。

A7075（超々ジュラルミン）は、航空機、スポーツ用品類に使用されます（**表3-7**）。

応力腐食割れが起こりやすいため、熱処理を適切に行うことが重要です。

銅を含まないA7204は、比較的高い強度があり、溶接性も良い（常温放置で強度回復する）ため、溶接構造用材料として鉄道車両、陸上構造物などに使用されます。

表3-7 7000系(Al-Zn-Mg系)の化学成分と強度

材料記号	化学成分									耐力	引張強さ
	Si	Fe	Cu	Mn	Mg	Zn	Cr	Ti	他	MPa	MPa
A7075 (超々ジュラルミン)	≦0.40	≦0.5	1.2～2.0	≦0.30	2.1～2.9	5.1～6.1	0.18～0.28	≦0.20		475以上※ 質別T6	545以上※ 質別T6
A7204	≦0.30	≦0.35	≦0.20	0.20～0.7	1.0～2.0	4.0～5.0	0.30	≦0.20	V≦0.10 Zr≦0.25	275以上 質別T6	335以上 質別T6

質別T6：溶体化処理後人工時効硬化処理したもの

6. アルミニウム合金（鋳造材） JIS H 5202、JIS H 5302

アルミニウム合金の鋳造用材料は、鋳物材（JIS H 5202）とダイカスト材（JIS H 5302）がJISで規定されています。鋳物材の材料記号はAC1Bのように表します。アルミニウム合金鋳物材の種類を示します（**表3-8**）。

なお、ダイカスト材の材料記号はADC1のように表します。

表3-8 アルミニウム合金鋳物材の種類 (JIS H 5202)

材料記号	成分	特徴
AC1B	Al-Cu、Al-Cu-Mg	高強度。耐食性は悪い。
AC2A	Al-Cu-Si	AC1の鋳造性を改善。切削性、溶接性も良い。
AC3A	Al-Si	薄肉・複雑形状が可能。加工性は悪く、強度も低め。
AC4A、AC4C	Al-Si-Mg	AC3の機械的性質や加工性を改善。
AC4B	Al-Si-Cu	AC3の鋳造性、加工性、溶接性を改善。
AC4D	Al-Si-Mg-Cu	AC3の熱処理硬化性、靭性が向上。
AC5A	Al-Cu-Ni-Mg	高温強度に優れる。加工性も良い。
AC7A	Al-Mg	耐食性、加工性、靭性が良く、アルマイト処理も良好。
AC8A、AC8B	Al-Si-Cu-Ni-Mg	熱膨張係数が小さい。耐摩耗性、高温強度が高い。
AC9B	Al-Si-Cu-Mg-Ni	熱膨張係数が小さい。耐摩耗性、高温強度が高い。

7．アルミニウムの調質　JIS H 0001

素材に様々な加工や熱処理をして特性を調整することを、調質（ちょうしつ）と言います。

アルミニウムの調質を示す質別記号（しつべつきごう）は、「英字１文字」と「数字１文字～」で示すことができます。A2027-T6などのように、材料記号に添えて表記します。なお、アルミニウム以外に、マグネシウムやチタンなど各種金属材料も同様の質別記号を用いることができます。

JIS H 0001に加工と熱処理による調質の詳細が定められています（**表3-9**、**表3-10**）。

合わせて調質のフローを**図3-4**、**図3-5**に示します。

表3-9 アルミニウムの質別記号(加工)

記号	定義		意味
F	製造のままのもの		加工硬化又は熱処理について特別の調整をしない製造工程から得られたままのもの
O	焼なまししたもの		展伸材については、最も軟らかい状態を得るように焼なまししたもの。鋳物については、伸びの増加又は寸法安定化のために焼なまししたもの。
H	加工硬化したもの		適度の軟らかさにするための追加熱処理の有無にかかわらず、加工硬化によって強さを増加したもの。
	H1	加工硬化だけのもの	所定の機械的性質を得るために追加熱処理を行わずに加工硬化だけしたもの。
	H2	加工硬化後適度に軟化熱処理したもの	所定の値以上に加工硬化した後に適度の熱処理によって所定の強さまで低下したもの。
	H3	加工硬化後安定化処理したもの	加工硬化した製品を低温加熱によって安定化処理したもの。また、その結果、強さは幾分低下し、伸びは増加するもの。
	H4	加工硬化後塗装したもの	加工硬化した製品が塗装の加熱によって部分焼なましされたもの。
	HX1 ～ HX9	数字は引張強さの程度を表す (HXはH1～H4)	HX8：硬質。通常の加工で得られる最大引張強さ。 HX9：特硬質。引張強さの最小規格値HX8より10MPa以上超えるもの。 HX1：1/8硬質。HX2:1/4硬質。HX3：3/8硬質。分数は、0(焼なまし)の引張強さを0、HX8(硬質)の引張強さを1として、中間的な加工硬化の度合いを示す。

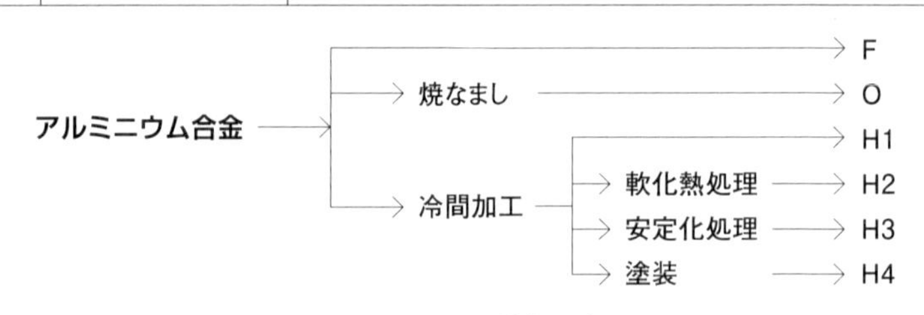

図3-4 アルミニウムの調質(加工)のフロー

表3-10 アルミニウムの質別記号(熱処理)

記号	定義	意味
T1	高温加工から冷却後自然時効させたもの	押出材のように高温の製造工程から冷却後積極的に冷間加工を行わず、十分に安定な状態まで自然時効させたもの。したがって、矯正してもその冷間加工の効果が小さいもの。
T2	高温加工から冷却後冷間加工を行い、更に自然時効させたもの	押出材のように高温の製造工程から冷却後強さを増加させるため冷間加工を行い、更に十分に安定な状態まで自然時効させたもの。
T3	溶体化処理後冷間加工を行い、更に自然時効させたもの	溶体化処理後強さを増加させるため冷間加工を行い、更に十分に安定な状態まで自然時効させたもの。
T4	溶体化処理後自然時効させたもの	溶体化処理後冷間加工を行わず、十分に安定な状態まで自然時効させたもの。したがって矯正してもその冷間加工の効果が小さいもの。
T5	高温加工から冷却後人工時効硬化処理したもの	鋳物又は押出材のように高温の製造工程から冷却後積極的に冷間加工を行わず、人工時効硬化処理したもの。 したがって、矯正してもその冷間加工の効果が小さいもの。
T6	溶体化処理後人工時効硬化処理したもの	溶体化処理後積極的に冷間加工を行わず、人工時効硬化処理したもの。したがって、矯正してもその冷間加工の効果が小さいもの。
T7	溶体化処理後安定化処理したもの	溶体化処理後特別の性質に調整するため、最大強さを得る人工時効硬化処理条件を超えて過時効処理したもの。
T8	溶体化処理後冷間加工を行い,更に人工時効硬化処理したもの	溶体化処理後強さを増加させるため冷間加工を行い、更に人工時効硬化処理したもの。
T9	溶体化処理後人工時効硬化処理を行い、更に冷間加工したもの	溶体化処理後人工時効硬化処理を行い、強さを増加させるため、更に冷間加工したもの。
T10	高温加工から冷却後冷間加工を行い、更に人工時効硬化処理したもの	押出材のように高温の製造工程から冷却後強さを増加させるため冷間加工を行い、更に人工時効硬化処理したもの。

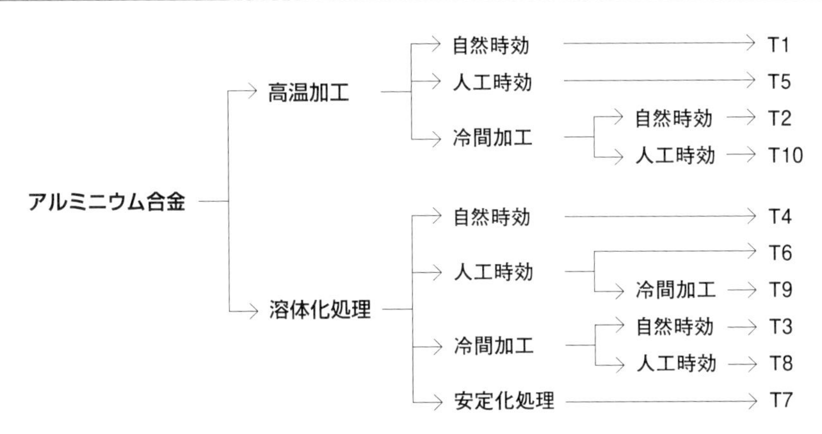

図3-5 アルミニウムの調質(熱処理)のフロー

φ(@°▽°@) メモメモ

溶体化処理

合金を固有の温度(アルミニウム合金で450～550℃)まで加熱し、合金元素を基本金属の中に溶け込ませた状態から急冷し、高温の組成をそのまま常温にもたらす熱処理です。

時効硬化

金属のある性質が時間の経過とともに変化する現象です。常温で進行する自然時効と、加熱した後に起こる人工時効（高温時効）とがあります。

設計目線で見る「アルミやステンレスも錆びる件」

一般的にアルミニウムやステンレスは、錆びないと言われていますが、海水がかかる塩水雰囲気など錆の発生しやすい環境では、表面処理が必要となります。

・アルミニウムの表面処理…アルマイト処理（皮膜によって着色することができます。電極跡（小さなポッチ）が残るため、必要に応じて電極位置を図面上に指示する場合があります。）

・ステンレスの表面処理…海洋製品の場合、ダクロタイズド処理や塗装が一般的です。

銅合金材料

銅合金

銅は電気伝導性や熱伝導性が良く、耐食性にすぐれ、比重が大きい材料。様々な合金が、電極材料、工具、精密機械部品、食器など、幅広い用途に用いられている。

1．銅合金材料とは

銅は、古くから利用されてきた金属材料で、現在も工業の様々な用途で活躍している代表的な金属材料の1つです。電気伝導性や熱伝導性が非常に高く、耐食性に優れ、比重も大きいという特性を持ちます。加工によってよく伸ばすことができます（図3-6）。

機械材料としては銅合金が主に利用されます。電気伝導性や熱伝導性、加工のしやすさを生かして、電気材料や調理器、防爆（火花を起こさない）工具、印刷版や理化学機器などの精密機械部品、給水管、硬貨、食器、管楽器などに用いられます。耐食性を活かし、復水器や熱交換器に用いられます。

☑ 電気伝導性・熱伝導性が銀に次いで高い	☑ 耐食性が優れる	☑ 光沢があり美しい赤系の独特の色を有する
☑ 伸延性、圧延性に優れる	☑ 比重が鉄より大きい（純銅は約8.9）	☑ 非磁性である

図3-6 銅合金の特徴

2．銅合金の分類　JIS H 3100、JIS H 3110、JIS H 3260

銅及び銅合金の展伸材は、純銅（1000系）、銅に亜鉛を添加した黄銅（2000系）や、スズ・りんを添加したりん青銅（5000系）、ニッケルを添加した白銅・洋白（7000系）などがあります（図3-7）。

1000系（純銅）
2000系（黄銅：Cu-Zn）
3000系（快削黄銅：Cu-Zn-Pb）
4000系（すず入り黄銅：Cu-Zn-Sn）
5000系（りん青銅：Cu-Sn-P）
6000系（アルミニウム青銅：Cu-Al-Ni）
7000系（白銅、洋白：Cu-Ni）

※元素記号は各銅合金系の主要な組成であり、他の元素を含む合金種も存在します。

図3-7 銅合金（展伸材）の分類

3．銅合金の材料記号

銅合金（展伸材）の材料記号は、C2801Pのように表記します。Cは銅、4ケタの数字は添加元素による合金の系統、Pは材料の形状記号となります（図3-8）。各材料種の化学成分、引張強さ、硬さ、厚さの許容差などがJISに規定されています。

主要な銅合金の板材・条材はJIS H 3100、りん青銅と洋白の線材・条材はJIS H 3110、銅合金の線材はJIS H 3260に規定されています。

C 2801 P

銅および銅合金であること	主要添加元素による合金の系統	材料の形を示す形状記号を付ける場合もあり
C：Copper（銅）	例）4桁目（一番左側）の記号 1000系（純銅、高Cu純度銅合金） 2000系（黄銅：Cu-Zn） 3000系（快削黄銅：Cu-Zn-Pb） 4000系（すず入り黄銅：Cu-Zn-Sn） 5000系（りん青銅：Cu-Sn-P） 6000系（アルミニウム青銅：Cu-Al-Ni） 7000系（白銅、白洋：Cu-Ni）	例） P：板、円板（普通級） PS：板、円板（特殊級） R：条（普通級） R：条（特殊級） W：線 BE：押出棒 BD：引抜棒 BF：鍛造棒　　など

図3-8 銅合金の材料記号

設計目線で見る「銅合金の普通級と特殊級の違いを知っておくべき件」

銅合金材の板材や条材には、普通級（P、R）と特殊級（PS、RS）が区分されている材料種があります。これは板や条の厚さの許容差による区分です。厚さに応じて許容差が個別に設定されていますが、普通級よりも特殊級の方が厚さの許容差が狭く、精度が高いものになります。

銅といっても
色々な合金の種類があって、
奥が深いなあ～！

4. 銅合金材料の特徴

① 銅　1000系

銅を99.9%以上含むものを工業用純銅と言います。無酸素銅（C1020）、タフピッチ銅（C1100）、りん脱酸銅（C1201、C1220）などがあります（**表3-11**）。

引張強さは、焼なまし材（調質O）で195 MPa以上、冷間加工材（調質H）で275MPa以上となります。

表3-11 銅(1000系)の種類

材料記号	銅の純度	内容
C1020 無酸素銅	99.96%以上	酸素を含まない、高純度の銅。導電性、熱伝導性が最も高く、水素脆化を起こさない。電気配線や、熱交換器などに用いられる。
C1100 タフピッチ銅	99.9%以上	酸化銅(Cu_2O)を0.02〜0.05%含む。600℃以上で水素脆性を起こす場合があるため、高温の用途には用いない。
C1201 C1220 りん脱酸銅	99.9%以上	りんで脱酸された銅。溶接性がよい。C1220(高りん脱酸銅)は水素脆化しない。C1201(低りん脱酸銅)はC1220よりも導電性が良い。

② 黄銅　2000系（Cu-Zn）

黄銅（おうどう）は、銅に亜鉛を添加した合金です。真鍮（しんちゅう）とも呼ばれます。5円硬貨の素材に使われています。亜鉛が35%の65・35黄銅（C2720）が一般的で、銅60%-亜鉛40%の6・4黄銅（C2801）、銅70%-亜鉛30%の7・3黄銅（C2600）などもよく用いられます（**表3-12**）。亜鉛20%以下のものを丹銅と言います。亜鉛5%をギルディングメタルと呼びます。

黄銅は、加工性が良く、金色の美しい色調を持ちます。ドアノブや電気部品の小ねじに使用されています。

表3-12 黄銅(2000系)の化学成分と強度

材料記号	化学成分									引張強さ
	Cu	Pb	Fe	Sn	Zn	Al	Mn	Ni	P	MPa
C2600 7·3黄銅	68.5〜71.5	≦0.05	≦0.05	−	残部	−	−	−	−	410〜 540 質別H
C2720 65·35黄銅	62.0〜64.0	≦0.07	≦0.07	−	残部	−	−	−	−	410以上 質別H
C2801 6·4黄銅	59.0〜62.0	≦0.10	≦0.07	−	残部	−	−	−	−	470以上 質別H

質別H：加工硬化したもの

③ 青銅　(Cu-Sn)

青銅は、銅にスズを添加した合金です。大砲の砲身に使われたことから砲金（ほうきん）とも呼ばれます。スズが機械的強度を与えています。10円硬貨は銅が95％の青銅です。軸受や水道の蛇口などに使用されます。JISでは展伸材の規定はなく、鋳物材（CAC材）が規定されています。合金成分として含まれる4％までの鉛は、RoHS指令の適用除外です。

④ りん青銅　5000系（Cu-Sn-P）

銅にスズ、りんを添加した合金です。ばね性に優れ、電気機器、ばね材（スイッチの接点）などに用いられます。電気伝導性の良いばねとして、りん青銅（C5191、C5212）が候補材となります（**表3-13**）。

表3-13 りん青銅(5000系)の化学成分と強度

材料記号	化学成分									引張強さ
	Cu	Pb	Fe	Sn	Zn	Al	Mn	Ni	P	MPa
C5071 りん青銅	Cu+Sn+P ≧99.5	≦0.02	≦0.10	1.7～ 2.3	≦0.20	－	－	0.1～ 0.4	≦0.15	490～ 590 質別H
C5191 ばね用 りん青銅	Cu+Sn+P ≧99.5	≦0.02	≦0.10	5.5～ 7.0	≦0.20	－	－	－	0.03～ 0.35	590～ 685 質別H
C5212 ばね用 りん青銅	Cu+Sn+P ≧99.5	≦0.02	≦0.10	7.0～ 9.0	≦0.20	－	－	－	0.03～ 0.35	590～ 705 質別H

質別H：加工硬化したもの

■D(￣ー￣*)コーヒーブレイク

青銅・・なぜ青と書く？

青銅という言葉があります。なぜ、青い銅なのでしょうか。それは、古くから使われている青銅器が、自然にさらされて、緑青（ろくしょう）という青色の酸化膜を形成することに由来します。

⑤ 白銅、洋白　7000系（Cu-Ni）

白銅は銅にニッケルを添加した合金で、耐食性、とくに耐海水性がすぐれています。造船や、水処理施設などで使われています。

洋白は、ニッケルと亜鉛を添加した合金で、白色で美しい外観で、耐食性と柔軟性を持ち、50円、100円、500円硬貨の素材や、楽器、電気材料、ばね材などに使われています（**表3-14**）。

表3-14 白銅、洋白（7000系）の化学成分と強度

材料記号	化学成分									引張強さ
	Cu	Pb	Fe	Sn	Zn	Al	Mn	Ni	P	MPa
C7060 白銅	残部	≦0.02	1.0〜1.8	−	≦0.50	−	0.20〜1.0	9.0〜11.0	−	275以上 質別F
C7250 ニッケル-すず銅	残部	≦0.05	≦0.60	1.8〜2.8	≦0.50	−	≦0.20	8.5〜10.5	−	465〜625 質別H
C7521 洋白	62.0〜66.0	≦0.03	≦0.25	−	残部	−	≦0.50	16.5〜19.5	−	540〜640 質別H

質別F：製造のままのもの
質別H：加工硬化したもの

⑥ アルミニウム青銅　6000系（Cu-Al-Ni）

アルミニウム青銅は銅にアルミニウムを8％程度添加した合金で、耐食、引張強さ、硬さが優れています。船舶のスクリューなどに用いられます。

⑦ ベリリウム銅

ベリリウム銅は、銅にベリリウムを数％添加して、耐食性、弾性、耐摩耗性を向上した合金です。工具や、導電材料などに用いられます。

その昔、ゴルフで使うパターやアイアンヘッドにベリリウムカッパーを使っているブランドもあったけど、環境問題などで使われなくなってしまったな…

φ(@°▽°@)　メモメモ

潤滑剤がいらない無給油銅

軸受やガイドレールなどの部品で使われる銅合金に、無給油銅があります。これは銅合金を粉末焼結し、フッ素樹脂などの潤滑性のある材料を含浸させたものです。グリスアップが不要で、とても便利な機械部品として重宝されています。

5. 銅合金の鋳物材（CAC材） JIS H 5120

銅合金は展伸材以外に鋳物材があります。砂型鋳造や金型鋳造などで製造されています。

銅合金の鋳物材の材料記号はCAC101などのように表します。CACはCopper Alloy Castingsの略で、数字は合金系などの種類を表します（**図3-9、表3-15**）。

100系（銅鋳物）
200系（黄銅鋳物：Cu-Zn）
300系（高力黄銅鋳物：Cu-Zn）
400系（青銅鋳物：Cu-Sn-Zn）
500系（りん青銅：Cu-Sn-P）
600系（鉛青銅鋳物：Cu-Sn-Pb）
700系（アルミニウム青銅鋳物：Cu-Al-Ni）
800系（シルジン青銅鋳物：Cu-Si-Zn）
900系（ビスマス青銅鋳物：Cu-Sn-Zn-Bi）

※元素記号は各銅合金系の主要な組成であり、他の元素を含む合金種も存在します。

図3-9 銅合金（鋳物材）の分類

表3-15 銅合金（鋳物材）の化学成分と強度

材料記号	化学成分									引張強さ
	Cu	Pb	Fe	Sn	Zn	Al	Mn	Ni	P	MPa
CAC101 銅鋳物	≧99.5	—	—	—	—	—	—	—	—	175以上
CAC201 黄銅鋳物	83.0～88.0	—	—	—	11.0～17.0	—	—	—	—	145以上
CAC401 青銅鋳物	79.0～83.0	3.0～7.0	—	2.0～4.0	8.0～12.0	—	—	—	—	165以上

■D(￣ー￣*)コーヒーブレイク

硬貨はもっとも身近な銅合金

最も身近な銅合金と言えば、硬貨でしょう。1円以外の硬貨には、銅合金が使われています（**表3-16**）。

注目すべきは令和3年に発行された500円硬貨です。外側のニッケル黄銅と、内側の白銅の2色（バイカラー）になっています。さらに内側は2枚の白銅の間に銅を挟んだクラッド構造になっています（**図3-10**）。

表3-16 硬貨の種類と成分

硬貨の種類	材質名	成分	サイズ（直径／厚み）	重量（g）
1円	アルミニウム	アルミニウム 100%	20.0／1.5	1.0
5円	黄銅	銅60～70%ー亜鉛40～30%	22.0／1.5	3.75
10円	青銅	銅95%ー亜鉛4～3%ースズ1～2%	23.5／1.5	4.5
50円	白銅	銅75%ーニッケル25%	21.0／1.7	4.0
100円	白銅	銅75%ーニッケル25%	22.6／1.7	4.8
500円（新）	(A)ニッケル黄銅 (B)銅 (C)白銅	銅75%ー亜鉛12.50%ー ニッケル12.5%（硬貨全体として）	26.5／1.8	7.1

参考：造幣局HP
https://www.mint.go.jp/operations/production/operations_coin_presently-minted.html

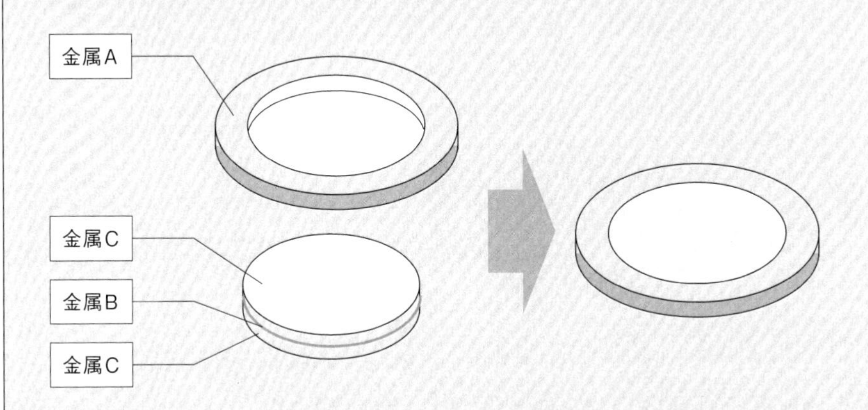

図3-10 500円硬貨の構造

その他の金属材料

各種金属材料

各種金属材料は、物性（比重、融点、硬度など）を考慮して選定する。マグネシウム合金は軽い、チタン合金は軽くて硬い、ニッケル合金は耐熱強度の高いという特徴がある。

1．その他の金属材料

鉄鋼材料やアルミニウム材料、銅合金材料以外にも、様々な種類の金属が、機械材料として利用されています。各種金属材料の特徴から、様々な用途へ活用されています。

金属によって、比重、融点、硬度、ヤング率などが異なります（表3-17）。

表3-17 各種金属材料の物性（値は参考値であり、文献によって異なります）

金属種	比重	融点（℃）	モース硬度	ヤング率（GPa）	電気抵抗率（nΩ·m）
鉄（鋼）	7.9	1538	4.0	211	96
アルミニウム	2.7	660	2.9	70	28
銅	8.9	1085	3.0	48	17
マグネシウム	1.7	650	2.5	45	44
チタン	4.5	1668	6.0	116	420
スズ	7.3（β） 5.8（α）※	232	1.5	50（β）	115
亜鉛	7.1	420	2.5	108	59
ニッケル	7.8	1455	3.5	200	69
銀	10.5	962	2.7	83	16
金	19.3	1064	2.5	79	22

※スズは、13.2℃以下ではαスズ（灰色の非金属物質）、 13.2℃より高温ではβスズ（展延性を持つ金属）となる。

スズは融点が低く軟らかい材料で、主にはんだやめっきの材料として使われます。銀や金などの貴金属は高価なため加工材料としての使用は限定的（歯科材料など）で、主にはめっき材料などで使われます。

2. 機械材料として実用的な各種金属材料

機械材料としてよく用いられる、マグネシウム合金、チタン合金、ニッケル合金、亜鉛合金について解説します。

① マグネシウム合金　JIS H 4201（展伸材）、JIS H 5203（鋳物材）

マグネシウムは、機械材料に使われる金属の中で、最も軽い金属（比重1.7）です。熱伝導性や振動減衰性が高く、寸法安定性も良好です。自動車部品、航空機部品などで用いられています。軽さに加えて、電磁波シールド性を生かして、ノートパソコンやスマートフォンの筐体にも用いられます。切削性が良いのも特長です。

マグネシウム合金は、アルミニウムと亜鉛を添加して強化したMg-AI-Zn系（展伸材：MP-AZ31など）や、亜鉛とジルコニウムを添加して結晶微細化して熱間加工性を向上したMg-Zn-Zr系（鋳物材：MC7など）が用いられます（**表3-18**）。なお、マグネシウム合金は国際標準規格であるASTM規格も広く用いられていますので、表に併記しています。

表3-18 マグネシウム合金の化学成分と強度

種類	材料記号	化学成分										引張強さ
		Mg	Al	Zn	Zr	Mn	Fe	Si	Cu	Ni	Ca	MPa
展伸材（MP）	MP-AZ31B	残部	2.4～3.6	0.50～1.5	―	0.15～1.0	≦0.005	≦0.10	≦0.05	≦0.005	≦0.04	220以上（質別O）
	MP-AZ61	残部	5.5～6.5	0.50～1.5	―	0.15～0.4	≦0.005	≦0.10	≦0.05	≦0.005	―	240以上（質別O）
鋳物材（MC）	MC2C（ASTM:AZ91C）	残部	8.1～9.3	0.40～1.0	―	0.13～0.35	≦0.03	≦0.30	≦0.10	≦0.01	―	240以上（質別T6）
	MC7（ASTM:ZK61A）	残部	―	5.5～6.5	0.6～1.0	―	―	―	≦0.10	≦0.01	―	275以上（質別T6）

質別O：焼なまししたもの
質別T6：溶体化処理後人工時効硬化処理したもの

設計目線で見る「マグネシウム合金の進化を知っておくべき件」

マグネシウム合金はその軽さをはじめ、優れた特長をたくさん持っていますが、耐食性や高温耐性が他の金属材料よりも劣るため、機械材料として使いにくいものでした。

しかし、マグネシウム合金の弱点を改善した合金の開発が急速に進んでいます。希土類元素を添加して耐食性や高温強度を向上した合金や、カルシウムを添加して難燃性を向上した合金などが生み出されています。最新のマグネシウム合金材料を調べて使いこなしましょう。

② チタン合金　JIS H 4600（展伸材）、JIS H 5801（鋳物材）

チタンは、比重は4.5と軽く、非常に硬い材料です。また、耐食性や耐熱性にも優れています。自動車エンジンや航空部品などに使われているほか、生体適合性もよいため人工関節などに利用されています。また磁性を完全に持たないため、半導体製造装置などにも使用されます。

チタン合金の材料記号はTP270Hのように示します。Tはチタン、Pは圧延板材（Rは条材、Cは鋳物材）、数字は最低引張強さ（MPa）、Hは熱間圧延品（Cは冷間圧延品）です（**表3-19**）。

チタン合金には、以下の種類があります。

- 耐食合金（Ti-0.2Pdなど）：パラジウムやコバルトなどを添加、耐すきま腐食性に優れる
- α合金（Ti-1.5Al）：アルミニウムを添加、耐海水性が良い
- α-β合金（Ti-6Al-4Vなど）：アルミニウムとバナジウムを添加、強度が高い
- β合金（Ti-4Al-22V）：バナジウムを高濃度添加、高強度で冷間加工性が良い

表3-19 チタン合金（展伸材）の化学成分と強度

材料記号	化学成分									引張強さ
	Ti	N	C	H	Fe	O	Al	V	Pd	MPa
TP340 純チタン	残部	≦0.03	≦0.08	≦ 0.013	≦0.25	≦0.20	–	–	–	340～ 510
TP340Pd 耐食合金	残部	≦0.03	≦0.08	≦ 0.013	≦0.25	≦0.20	–	–	0.12～ 0.25	340～ 510
TAP1500 α合金	残部	≦0.03	≦0.08	≦ 0.015	≦0.30	≦0.25	1.00～ 2.00	–	–	345以上
TAP6400 α-β合金	残部	≦0.05	≦0.08	≦ 0.015	≦0.40	≦0.20	5.50～ 6.75	3.50～ 4.50	–	895以上

設計目線で見る「チタンは加工方法を考えて使いこなす件」

チタンは加工が難しい材料です。硬度が高く、熱伝導性が低いため、切削加工中にひび割れなどや焼き付きを起こしやすく、工具も摩耗しやすいです。また切り屑が発火しやすい難点もあります。塑性変形をしにくいためプレス成形も難しく、溶接も脆化が起こりやすく、注意が必要です。チタンを使いこなすには、どのように加工する必要があるか？必要な精度の加工が可能か？などに注意して検討しましょう。

■D(￣ー￣*)コーヒーブレイク

チタンはなぜ高価？

チタンは地球上に豊富に存在する金属です。しかし、精錬に大きなエネルギーを必要とするため、高価なのです。

③ ニッケル合金　JIS G 4902（展伸材）、JIS H 5701（鋳物材）

ニッケルは、強く、耐食性があり、耐熱性の高い金属です。ニッケル合金は、腐食環境や高温環境で用いられます。

ニッケル合金の材料記号は、NW2200のように示します。ニッケル-クロム-モリブデン-鉄合金（MW6002）は、高い耐熱強度があり、工業用炉やガスタービンなどに用いられています（**表3-20**）。

表3-20 ニッケル合金（展伸材）の化学成分と強度

材料記号	化学成分										引張強さ
	Ni	C	Co	Cr	Cu	Fe	Mn	Mo	Si	W	MPa
NW2200 常炭素ニッケル	≧99.0	≦0.15	−	−	≦0.25	≦0.40	≦0.35	−	≦0.35	−	380以上 (焼なまし)
NW2201 低炭素ニッケル	≧99.0	≦0.02	−	−	≦0.25	≦0.40	≦0.35	−	≦0.35	−	345以上 (焼なまし)
NW6002 ニッケル-クロム-モリブデン-鉄合金	残部	0.05〜0.15	0.5〜2.5	20.5〜23.0	−	17.0〜20.0	≦1.0	8.0〜10.0	≦1.0	0.2〜1.0	660以上 (焼なまし)

その他の化学成分 ： S≦0.01またはS≦0.03、P ： −またはP≦0.04

設計目線で見る「耐熱超合金の加工テクニックの件」

耐熱超合金は、切削加工が難しい材料です。引張強さが高いと粘り強くせん断しにくくなります。また熱伝導率が低いため工具が高温化して壊れやすくなります。高温強度の高いセラミックス工具を使用することが有効です。

φ(@°▽°@) メモメモ

ニッケル基超合金「インコネル」とは

インコネルは、ニッケルを主体とした耐熱耐食合金で、スペシャルメタルズ社の商標です。

JISは、JIS G 4901、JIS G 4902（耐食耐熱超合金）が対応しています（**表3-21**）。航空機エンジン部品に使用されます。

表3-21 インコネル(耐食耐熱超合金)の化学成分と引張強さ

材料記号		化学成分					引張強さ
インコネル	JIS材料記号	Ni	Cr	Fe	Mo	Nb+Ta	MPa
インコネル600	NCF600	≧72.00	14.00〜17.00	6.00〜10.00	−	−	550以上(焼なまし)
インコネル625	NCF625	≧58.00	20.00〜23.00	≦5.00	8.0〜10.00	3.15〜4.15	830以上(焼なまし)
インコネル718	NCF718	50.00〜55.00	17.00〜21.00	残部	2.80〜3.30	4.75〜5.50	1240(質別H)

質別H：固溶化熱処理後時効処理

④ 亜鉛合金　JIS H 5301（亜鉛合金ダイカスト）

亜鉛合金はダイカスト（金属を金型に圧入する鋳造法）で製造され、自動車部品（ブレーキピストン、ラジエータグリル）などに使われています。機械的性質や耐食性が優れた1種（ZDC1）と、鋳造性やめっき性が優れた2種（ZDC2）があります（**表3-22**）。

表3-22 亜鉛合金ダイカストの化学成分と強度

合金記号	化学成分							引張強さ
	Zn	Al	Cu	Mg	Fe	Pb	Cd	Sn	MPa
ZDC1 1種(Zn-Al-Cu系)	残部	3.5〜4.3	0.75〜1.25	0.02〜0.06	≦0.10	≦0.005	≦0.004	≦0.003	325
ZDC2 2種(Zn-Cu系)	残部	3.5〜4.3	≦0.25	0.02〜0.06	≦0.10	≦0.005	≦0.004	≦0.003	285

金属材料の物性は、材料を選ぶポイントになりますね！
そのとおり。入手しやすさ、加工しやすさ、コストを考えることも忘れてはいけないよ

第3章	4	プラスチック材料

プラスチック材料

プラスチックは、軽く、錆びない、加工しやすい材料として、機械材料としての活用は増えている。耐熱性、強度、寸法安定性、傷付きやすさ、耐候性、難燃性に注意して選定する。

1．プラスチックとは

プラスチックは、高分子（ポリマー）を主原料とした材料で、樹脂とも呼びます。軽量で、加工しやすい、錆びない、電気絶縁性がある、一般に安価であるなどのメリットがあります。また、透明な材料も多く、着色しやすい特徴もあります（**図3-11**）。

近年は、エンジニアリングプラスチックと呼ばれる、耐熱性が高く、高機能性を備えた新素材が開発されたことで、金属を代替する材料として活用が進んでいます。

長所

☑ 軽い	☑ 入手しやすい
☑ 加工しやすい	☑ 安価である
☑ 錆びない	☑ 耐薬品性が高いものもある

短所

☑ 耐熱性が悪い	☑ 強度と剛性が弱い
☑ 傷つきやすい、汚れやすい	☑ 溶剤に弱いものもある
☑ 寸法安定性が良くない	☑ 耐候性が劣るものもある

図3-11 プラスチック材料の一般的な特徴（金属材料との比較）

プラスチック材料を使う上でのポイントはなんでしょうか？

弱点になりやすい、耐熱性、強度、寸法安定性、傷付きやすさ、耐候性、難燃性などに注意する必要があるぞ。もちろんコストも計算しないとな

2．プラスチック材料の分類

1）熱可塑性

高温になるとやわらかくなって流動的になる性質を、熱可塑性（ねつかそせい）と言います。冷やすと再び固まります。プラスチック材料は、熱可塑性プラスチックと、熱硬化性（光硬化性）プラスチックに分類できます。熱硬化性プラスチックは、加熱によって化学反応が進み、硬化するプラスチックです。光硬化性プラスチックは紫外線などの光などを当てて化学反応で硬化します。

2）結晶性

プラスチックの結晶は、ポリマー分子の配列構造が規則正しくそろった状態で、密度や強度が高くなります。結晶ではなく、ランダムな構造になっているものを、アモルファスと言います。

熱可塑性プラスチックは、結晶性プラスチックと非結晶性プラスチックに分類できます（図3-12）。

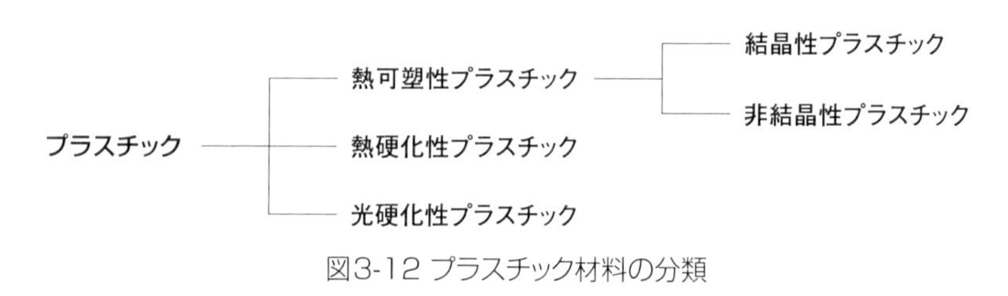

図3-12 プラスチック材料の分類

3）エンジニアリングプラスチック

熱可塑性プラスチックにおいて、100℃以上の耐熱性を持つプラスチックをエンジニアリングプラスチックと言います。150℃以上の耐熱性を持つプラスチックをスーパーエンジニアリングプラスチックと言います。

設計目線で見る「明るい色のプラスチックは赤外線を通すかも問題」

検知センサとして利用されるインタラプタに使用する遮光片は、一般的に1mm程度の厚さの板金や薄いプラスチック片を用います。

プラスチック片を使う場合は、光が透過しなければ、色は何色でも構いません。

PP（ポリプロピレン）、PE（ポリエチレン）、PBT（ポリブチレンテレフタレート）、PET（ポリエチレンテレフタレート）、PA（ポリアミド）、POM（ポリアセタール）などは赤外線透過性プラスチック材料のため、明るい色（例えば白色など）で調色にムラがあると光を透過し、誤検知する可能性があります。ごくまれにしか発生しないような頻度で発生する原因不明のセンサエラーは、プラスチック製の遮光片が原因かもしれませんよ～（怖）。

3．プラスチック材料の記号

プラスチック材料はローマ字の略号（ポリエチレンであればPEなど）で示します。JIS K 6899-1プラスチック－記号及び略語　にその記号が定められています。材料種ごとにJIS規格でその材料の組成、用途、特性などの示し方が規定されています。

設計目線で見る「プラスチックは温度で伸縮が激しい件」

地球上の物質は、温度が上昇すると膨張し、温度が降下すると収縮する特性を持っています。材料ごとにその収縮率は異なり、その比率を線膨張係数と言います。

代表的な材料の線膨張係数（単位 $\times 10^{-6}$/K、293K＝20℃）を示します（**表3-23**）。

表3-23 代表的な材料の線膨張係数

材料名	鋼	アルミニウム	青銅	ポリカーボネート	アクリル
線膨張係数	11.7	23	18	70	80

したがって、プラスチック部品の両端をねじで完全固定した場合、常温では問題ありません。しかし製品を使用する環境温度が極端に低温になったり高温になったりする場合は、プラスチック部品の伸縮によって、引張応力や圧縮応力を受けることで、反りや破断のリスクが高くなります。

このような場合は、1か所は完全固定し、他方はサイズ変化の逃げを許す構造で設計するように注意しましょう。

4. プラスチック材料の種類

プラスチック材料の種類はJIS K 6899にまとめられています。代表的なプラスチック材料の種類を示します（**表3-23**）。材料名の後に、特性を表す記号を付けることがあります（**表3-24**）。例えば、低密度ポリエチレン（PE-LD）は、PE＝ポリエチレン、L＝低、D＝密度、を意味します。

表3-23 プラスチック材料の種類とJIS規格

区分			材料名	記号	JIS規格
熱可塑性プラスチック	汎用プラ	結晶	低密度ポリエチレン	PE-LD	JIS K 6922
			高密度ポリエチレン	PE-HD	
			直鎖状低密度ポリエチレン	PE-LLD	
			超高分子量ポリエチレン	PE-UHMW	
			ポリプロピレン	PP	JIS K 6921
		非結晶	ポリスチレン	PS	JIS K 6923
			ポリ塩化ビニル	PVC	JIS K 6740
			アクリロニトリル-ブタジエンスチレン	ABS	JIS K 6934
			ポリメタクリル酸メチル（アクリル）	PMMA	JIS K 6717
	エンプラ	結晶	ポリアミド66（ナイロン66）	PA66	JIS K 6920
			ポリオキシメチレン（ポリアセタール）	POM	JIS K 7364
			ポリブチレンテレフタレート	PBT	JIS K 6937
			ポリエチレンテレフタレート	PET	
		非結晶	ポリカーボネート	PC	JIS K 6719
			変性ポリフェニレンエーテル	m-PPE	JIS K 7313
			シクロオレフィンコポリマー	COC	–
	スーパーエンプラ	結晶	ポリテトラフルオロエチレン（テフロン）	PTFE	JIS K 6935
			ポリフェニレンスルフィド	PPS	–
			ポリエーテルエーテルケトン	PEEK	–
			液晶ポリマー	LCP	–
			ポリ乳酸	PLA	–
		非結晶	ポリエーテルスルホン	PESU	–
			ポリエーテルイミド	PEI	–
			ポリフェニレンスルホン	PPSU	–
熱硬化性プラスチック			フェノール樹脂（ベークライト）	PF	JIS K 6915
			不飽和ポリエステル	UP	JIS K 6919
			メラミン樹脂	MF	JIS K 6917
			ユリア樹脂	UF	JIS K 6916
			エポキシ樹脂	EP	JIS K 7147
			ポリイミド	PI	–

表3-24 プラスチック材料の特性を表す記号の例

記号	意味	記号	意味	記号	意味
A	非晶質	H	高	O	配向
B	臭素化	L	低い	P	可塑化
C	塩素化	L	直鎖状	R	ランダム
C	結晶性	M	中間の	S	飽和
D	密度	M	分子の	S	スルホン化
E	発泡	N	ノボラック	U	超

5. 主なプラスチック材料

機械材料としてよく使用されるプラスチック材料について解説します。

① ポリエチレン　記号：PE　JIS K 6922

$$-\left[CH_2 - CH_2 \right]_n-$$

ポリエチレンは、汎用的な結晶性プラスチックで、生産量が多いプラスチックです。加工性がよく、耐薬品性や電気絶縁性や防湿性などが良好で、フィルムや包装材料、容器などに広く使われています。製造方法により、密度の異なる材料が存在します（**表3-25**）。

表3-25 ポリエチレンの種類

材料名	記号	密度	結晶化度	特徴
低密度ポリエチレン	PE-LD	0.91～0.93	60%	軟らかい 透明度が高い、透明（フィルム）
高密度ポリエチレン	PE-HD	0.94～	90%	強度・剛性が高い 白色、半透明（フィルム）

② ポリプロピレン　記号：PP　JIS K 6921

$$-\left[CH_2 - \underset{\displaystyle CH_3}{\underset{|}{CH}} \right]_n-$$

ポリプロピレンは、汎用的な結晶性プラスチックで、生産量が多いプラスチックです。耐熱性が比較的高く、耐薬品性や疲労強度も良好であることから、容器、機械部品、フィルムなどに広く使用されています。製造方法により、ホモポリマー（高剛性）、ブロックポリマー（高耐衝撃性）、ランダムコポリマー（高透明性）の3種類が存在します。

ポリプロピレンにエラストマーとタルクを添加した材料は、自動車バンパーなどに使われます。

③ ポリ塩化ビニル　記号：PVC　JIS K 6740（成形用）、JIS K 6745（板材）、JIS K 6741（管材）

$$\left[CH_2 - \underset{\displaystyle Cl}{\underset{|}{CH}} \right]_n$$

ポリ塩化ビニルは、汎用的な非結晶性プラスチックで、耐水性や耐薬品性が高く、難燃性や電気絶縁性に優れています。水道管、看板、機械のカバー、水槽などに使用されています。

機械材料として用いる場合は、強度が比較的低く、線膨張係数が大きいことに注意が必要です。

④ ABS（アクリロニトリル-ブタジエン-スチレン）　記号：ABS JIS K 6934

$$\left[CH_2 - \underset{\displaystyle CN}{\underset{|}{CH}} \right]_l \left[CH_2 - CH = CH - CH_2 \right]_m \left[CH_2 - \underset{\displaystyle C_6H_5}{\underset{|}{CH}} \right]_n$$

ABSは、アクリロニトリル、ブタジエン、スチレンからなる、非結晶性の汎用プラスチックです。適度な機械的性質と、光沢のある外観を備え、自動車部品や電化製品の外装材料などに使用されます。成形性が良好で、めっきも可能です。繊維強化した材料もあります。

注意点は、成形前予備乾燥が必要であることと、耐候性がやや劣り、溶剤に弱い点です。

⑤ ポリオキシメチレン（ポリアセタール） 記号：POM　JIS K 7364

$$\left[-CH_2-O- \right]_n$$

ポリオキシメチレンは、ポリアセタールとも呼ばれる、結晶性のエンジニアリングプラスチックです。耐衝撃性が高いです。寸法安定性、耐摩耗性、耐油性、耐水性が良く、加工性も良好です。機械材料としては、ギヤ、カムなどによく使われています。

可燃性があり、紫外線に比較的弱い点には注意が必要です。

⑥ ポリカーボネート　記号：PC　JIS K 6719

$$\left[-O-C_6H_4-C(CH_3)_2-C_6H_4-O-\underset{\underset{O}{\|}}{C}- \right]_n$$

ポリカーボネートは、非結晶性のエンジニアリングプラスチックの一種です。耐衝撃性がきわめて優れています。寸法精度が高く、加工性も良好で、各種機械材料に用いることができます。自己消火性を持ち、電気絶縁性も良いことから、電気部品にもよく用いられます。高い透明性や耐候性を生かして、レンズや窓などのガラス代替材料として使われています。

注意点としては、有機溶剤によって亀裂の発生がしやすいこと（ソルベントクラックと言います）、傷が付きやすいことがあります。

⑦ ポリアミド（ナイロン）記号：PA　JIS K 6920

$$\left[-\underset{\underset{H}{|}}{N}-(CH_2)_5-\underset{\underset{O}{\|}}{C}- \right]_n$$

ポリアミドは、アミド結合（-CO-NH-）を持った結晶性の汎用プラスチックで、一般にナイロンと呼ばれます。いくつかの種類があり、機械部品で用いられる代表的なものはナイロン66で、耐摩耗性や潤滑性に優れています。歯車、軸受、カムなど、力がかかる駆動部品に多く使われます。また、ガラス繊維により強化されたものも使用されます。

選定にあたっては、ナイロンは酸や紫外線に若干弱い点に注意が必要です。

⑧ ポリメタクリル酸メチル（アクリル）記号：PMMA　JIS K 6717

$$\left[CH_2 - \underset{COOCH_3}{\overset{CH_3}{C}} - \right]_n$$

ポリメタクリル酸メチルは、アクリル、メタクリル樹脂とも呼ばれます。透明性が高い非結晶性の汎用プラスチックで、ガラスの代替材料として使われています。加工性や着色性が良く、耐候性も良いため、照明資材などにも多用されています。

ポリカーボネートに比べると、耐衝撃性や難燃性に劣ることは注意が必要です。

設計目線で見る「油が付着する環境は避けなければいけない件」

アクリル、ポリカーボネート、塩化ビニル、ABSなどの非結晶性プラスチックは、直接油やグリースを塗布するだけでなく、近隣にある歯車などの回転力で飛沫する油分が付着しただけでも、割れなどの不具合を生じやすくなります。

非結晶性プラスチックを使用する際は、溶剤や油分が付かないようなレイアウト構造にするか、避けられない場合は、飛沫防止のカバーを設けるなどのケアが必要となります。

また、品質保証といった総合的な面から見て、組立時や保守時にも作業者が油のついた手などで触らないような通達が必要です。

歯車などグリース潤滑が不可欠な場合、割れの心配のないナイロンなど結晶性プラスチックを選択しなければいけません。

6．プラスチックの物性

代表的なプラスチック材料の物性を示します（**表3-26**）。

表3-26　代表的なプラスチック材料の物性

材料名	比重	融点 Tm、Tg	引張強さ	破断伸び	引張弾性率	アイゾット衝撃値	硬さ	線膨張係数	熱伝導率	絶縁破壊強さ	吸水率（24時間後）
単位		℃	MPa	%	MPa	J/m		10^{-6}/K	W/(m·K)	V/mil※	%
低密度ポリエチレン	0.917-0.932	Tm98-115	8.3-31.4	100-650	173-283	破壊せず	HDD44-50	100-220	0.33	450-1000	<0.01
高密度ポリエチレン	0.952-0.965	Tm130-137	22.1-31.1	10-1200	1070-1090	21.4-214	HDD66-73	59-110	0.46-0.50	450-500	<0.01
超高分子量ポリエチレン	0.94	Tm125-138	38.6-48.3	350-525		破壊せず	HDD61-63	130-200		710	<0.01
ポリプロピレン（ホモポリマー）	0.900-0.910	Tm160-175	31.1-41.4	100-600	1139-1553	21.4-74.8	HRR80-102	81-100	0.12	600	0.01-0.03
ポリスチレン（汎用）	1.04-1.05	Tg74-105	35.9-51.8	1.2-2.5	2277-3278	18.7-24.0	HRM60-75	50-83	0.126	500-575	0.01-0.03

材料名	比重	融点Tm、Tg	引張強さ	破断伸び	引張弾性率	アイゾット衝撃値	硬さ	線膨張係数	熱伝導率	絶縁破壊強さ	吸水率(24時間後)
単位		℃	MPa	%	MPa	J/m		10^{-6}/K	W/(m·K)	V/mil	%
ポリスチレン(耐衝撃性)	1.03-1.06	Tg-105	13.1-42.8	20-65	1104-2553	50.7-374	HRR50-82	44.2			0.05-0.07
ポリ塩化ビニル(硬質)	1.30-1.58	Tg23.9-40.6	40.7-51.8	40-80	2415-4140	21.4-1175	HDD65-85	50-100	0.15-0.21	350-500	0.04-0.4
アクリロニトリル-ブタジエン-スチレン、ABS	1.01-1.05	Tg91-110	30.4-43.5	5-75	1035-2415	320-561	HRR85-106	95-110		350-500	0.20-0.45
ポリメタクリル酸メチル	1.17-1.20	Tg85-105	48.3-72.5	2-5.5	2242-3243	10.7-21.4	HRM68-105	50-90	0.167-0.252	400-500	0.1-0.4
ポリアミド66(乾燥)	1.13-1.15	Tm255-265	95	15-80	1590-3800	29.4-53.4	HRR120	80	0.243	600	1.0-2.8
ポリオキシメチレン(ホモポリマー)	1.42	Tm172-184	67-69	10-75	2760-3588	59-123	HRM92-94	50-112	0.23	400-500	0.25-1
ポリブチレンテレフタレート	1.30-1.38	Tm220-267	56-60	50-300	1930-3000	38-53	HRM68-78	60-95	0.176-0.288	420-550	0.08-0.09
ポリエチレンテレフタレート	1.29-1.40	Tm212-265	48-72	30-300	2760-4140	13.4-37.4	HRM94-101	65	0.14-0.15	420-550	0.1-0.2
ポリカーボネート	1.2	Tg150	63-72	110-150	2380	640-960	HRM70-75	68	4.7	380-400	0.15
変性ポリフェニレンエーテル	1.04-1.10	Tg100-112	46.9-53.8	48-50	2137-2620	156-313	HRR115-116	38-70	0.159	400-665	0.06-0.1
ポリテトラフルオロエチレン	2.14-2.20	Tm327	21-35	200-400	400-500	160	HDD50-65	70-120	0.25	480	<0.01
ポリフェニレンサルファイド	1.35	Tm285-290	48.3-86.2	1-6	3310	<26	HRR123-125	27-49	0.0836-0.288	380-450	0.01-0.07
ポリエーテルエーテルケトン	1.30-1.32	Tm334	70.3-103	30-150		83.4		40-47			0.1-0.14
液晶ポリマー(30%ガラス繊維配合)	1.67		150	2.7	20690	125	HRM61	13-37		740	0.002
ポリスルホン	1.24-1.25	Tg187-190		50-100	2482-2689	52.1-67.7	HRM69	56	0.259	425	0.3
ポリエーテルスルホン	1.37-1.46	Tg220-230	67.6-95.1	6-80	2413-2827	>73	HRM85-88	55	0.134-0.184	400	0.12-1.7
ポリエーテルイミド	1.27	Tg215-217	97	60	2965	52.1-65.2	HRM109-110	47-56	0.0418	500	0.25
ポリアミドイミド	1.42	Tg275	152	15	4827	141	HRE86	30.6	0.259	580	0.33(飽和)
フェノール樹脂(木粉充填)	1.37-1.46	熱硬化	34.5-62.1	0.4-0.8	5520-11730	10.7-32.0	HRM100-115	30-45	0.167-0.334	260-400	0.3-1.2
不飽和ポリエステル(ガラス繊維配合)	1.47-1.52	熱硬化	20.7-69	<1	6900-17250	80-854	HBI50-80	20-33		345-420	0.06-0.23
ユリア樹脂(αセルロース充填)	1.65-2.30	熱硬化	38-90	<1	6900-10400	13.4-21.4	HRM 110-120	22-36	0.084-0.418	300-400	0.4-0.8
メラミン樹脂(セルロース充填)	1.47-1.52	熱硬化	34.5-90	0.6-1	7590-9660	10.7-21.4	HRM 115-125	40-45	0.27-0.42	270-400	0.1-0.8
エポキシ樹脂	1.6-2.1	熱硬化	27.6-74.5		2415	16-26.7	HRM100-112	20-60	0.17-1.46	250-420	0.03-0.20

〔出典 : プラスチックデータブック、工業調査会、p.5～13 より抜粋、一部JIS規格表記に更新〕

※mil＝1/1000inch
融点 : 結晶性プラスチックはTm(融点)、非結晶性プラスチックはTg(ガラス転移温度)を表記
硬さの記号 : HRX:ロックウェル硬さ(Xはスケール)、HDX:デュロメータ硬さ(Xはタイプ)、HBI:バーコル硬さ

設計目線で見る「燃え広がらない樹脂を使わなければいけない件」

プラスチック材料を機械材料に使うにあたっては、難燃性（燃えにくさ）は重要なポイントです。高温になる場所や電気部品などで、可燃性の材料を使用すると火災の恐れがあります！

難燃性のグレードは、米国の製品安全認証機関（UL）が定めたUL94規格が一般に用いられます。家電製品においてはV-0以上の難燃グレードが求められます（**表3-27、図3-13**）。

表3-27 UL94　難燃グレードと代表的なプラスチック材料

難燃性	試験方法	グレード	プラスチック材料の例
高い	5V-A,5V-B試験	5V-A	−
↑		5V-B	−
	V-0,V-1,V-2試験	V-0	ポリイミド、ポリフェニレンスルホン、PEEK
		V-1	ポリフェニレンオキサイド（PPO）
↓		V-2	ポリカーボネート、ナイロン66
低い	HB試験	HB	ポリエチレン、ポリスチレン、PET、メタクリル樹脂

UL試験（V-0,V-1,V-2）の手順

・125mm×13mmの試験片をクランプ固定して垂直に保持する
・長さ20mmの炎を10秒間当てる
・赤熱が30秒以内に収まったら、再び炎を10秒間当てる
・上記を5本の試験片に実施する

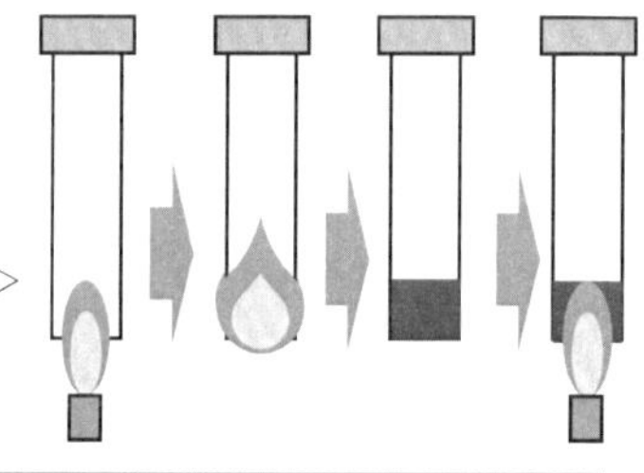

判定項目	V-0	V-1	V-2
試験片1回目の燃焼時間	≦10秒	≦30秒	≦30秒
試験片2回目の赤熱時間	≦30秒	≦60秒	≦60秒
火玉落下によるガーゼの着火	なし	なし	あり
試験片5本の総燃焼時間	≦50秒	≦250秒	≦250秒
固定クランプまでの燃焼の有無	なし	なし	なし

図3-13 UL試験（V-0、V-1、V-2）の試験方法と判定基準

・難燃化の方法

プラスチック材料の難燃性を向上するには、難燃剤を添加します。各種プラスチック材料の難燃グレード対応品が作られています。難燃剤には、有機系難燃剤（ハロゲン化合物、リン化合物）と、無機系難燃剤（アンチモン化合物、金属水酸化物、窒素化合物、ホウ素化合物）など、様々なタイプがあります。ハロゲン化合物は優れた難燃性がありますが、燃焼発煙の有毒性から、ハロゲン不使用の難燃剤の開発が進められています。

7．ゴム材料

弾性は、力を加えると変形して、離すと元の形状にもどる性質です。弱い力で大きく弾性変形する物質のことをエラストマーと言います。熱硬化性のエラストマーを、ゴムと言います。

ゴムは、柔軟性、電気絶縁性、振動吸収性などの特徴を生かして、絶縁被覆、Oリングやパッキン、防振材、コーティング材、タイヤ素材など、様々な用途に使われています（**表3-28**）。

表3-28 代表的なゴム材料（JIS K 6397）

名称	記号	特徴	用途例
ニトリルゴム	NBR	長所:耐油性、耐摩耗性に優れる。アクリロニトリルの含有量で性質を調整できる。 短所:耐オゾン性が悪く、蒸気や硫黄に弱い。	耐油ホース、自動車用パッキン、用紙送りローラー、印刷版
スチレンブタジエンゴム	SBR	長所:強度、耐摩耗性、耐熱性が良い。 短所:耐油性や耐寒性が他のゴムよりも悪い。	タイヤ、バッテリーケース、スポーツ用品、ベルト
ブチルゴム	IIR	長所:ガスバリア性、耐熱性、耐熱性、耐薬性、耐候性、絶縁性が良い。 短所:金属との接着性が悪く、耐油性が弱い。	タイヤ、防振材、蒸気ホース、電線被覆
クロロプレンゴム	CR	長所:機械的性質や化学的性質をバランス良く備え、接着性や加工性も良い。 短所:電気絶縁性や耐水性、耐久性が劣る。	Oリング、ベルト、窓枠、防振材、ホース、電線被覆など
エチレンプロピレンゴム	EPM、EPDM	長所:軽量で、耐候性、耐オゾン性、耐溶剤性が優れる。 短所:金属との接着性が悪く、耐油性が弱い。	自動車部品、窓枠、スチームホース、ベルト、屋外用の防振材
フッ素ゴム	FKM	長所:耐熱温度は200℃と非常に高い。耐油、耐薬性が高い。 短所:ケトンの耐性は弱い。価格は高い。	化学工業用のパッキンや、シール材、コーティング材料
シリコーンゴム	EMQなど	長所:-60℃～200℃近くまで使用できる。耐候性、耐オゾン性、電気絶縁性が良い。 短所:機械的強度が弱い。	絶縁材、家電の部品、耐熱ローラー
ウレタンゴム	AUなど	長所:機械的強度、耐摩耗性、耐油性が非常に高い。-40℃の低温で使用できる。 短所:熱や水に弱く、高温多湿環境では使用しにくい。	Oリング、パッキン、工業用ローラー、ホース、タイヤ

設計目線で見る「ゴムは電気を通さないのが常識なのかの件」

一般的にゴムは絶縁体として知られています。機能上必要があれば導電性ゴムを選択することもでき、カーボンブラックや銀粉などの金属粉、導電性酸化チタンなどを配合したものがあります。電気特性（電気の通しにくさ）には次の2つがあります。

・体積抵抗率…直流電圧を印加した試験片の内部を流れる電流と平行方向の電位差の傾きをその電流密度で除した値で、単位はρ（Ω・cm）で表します。

・表面抵抗率…直流電圧を印加した試験片の内部を流れる電流と平行方向の電位差の傾きを表面の単位長さあたりの電流で除した値で、単位はΩで表します。

設計目線で見る「ゴムを安上がり搬送ローラーとして失敗した件」

Oリングは、ホームセンターなどでも100円前後で購入でき、企業として大量に購入すると5円～10円レベルの格安の機能部品として魅力が高まります。

安上がりだからと言って、一般的なNBR材質のOリングをプーリーに取り付けて搬送用のゴムローラー代わりに大気中で使用すると「オゾンクラック」により、数年でOリング表面全体にひび割れを生じ、切れに至ります（**図3-14**）。

Oリングは、表面にグリースや油を塗布し、直接空気が触れないように密閉状態の中で使わなければいけません。

もし、どうしてもOリングを大気暴露環境で使わなければいけない場合、一般的なNBRではなくウレタンゴムを選択するとよいでしょう。

安価なゴムリングだと喜んで使用すると、数年後にクレームとなり、多額の補修費用が発生しますので、設計者として気をつけましょう！

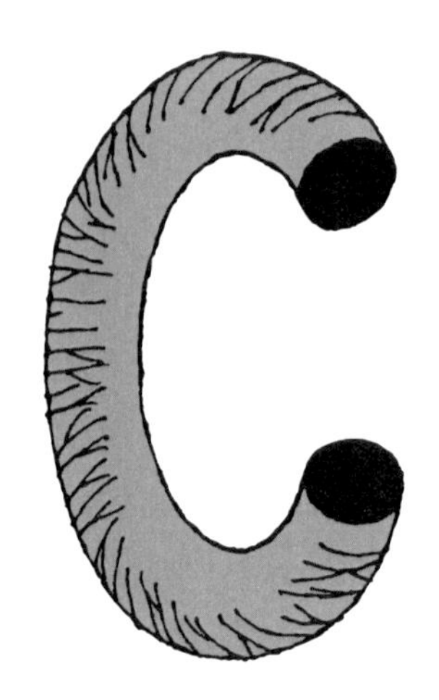

図3-14 Oリングのオゾンクラックの例

8．プラスチックの加工

プラスチックの加工は、材料と成形法の選定からスタートし、成形方法の選定、金型製作、成形、二次加工、という流れとなります。成形法には、射出成形、押出成形、圧縮成形など様々な方法があります。二次加工として、切削や、接合、塗装などを行って仕上げます（**図3-15**）。

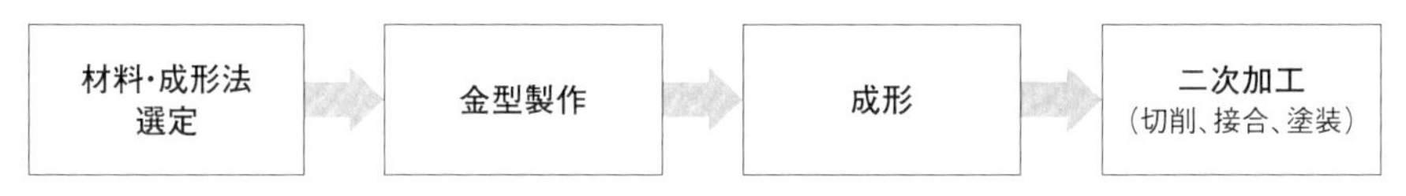

図3-15 プラスチック加工の流れ

9．プラスチック材料の選定

プラスチック材料の選定にあたっては、機能性、加工のしやすさ、コスト面に加えて、法規制等の問題がないかをチェックすることが重要です。その上で、他の材料との比較の上で最適なものを選定します（**表3-29**）。

表3-29　プラスチック材料選定のポイント

項目	内容
要求機能を満たす材料か？	機械的強度（引張強度、剛性、耐摩耗性）、耐熱性、耐薬品性、絶縁性、寸法安定性、外観、使用環境への耐久性など
適切に成形できるか？	成形温度（ビカット軟化温度）、流動性（メルトマスフローレイト）、線膨張係数など
適切に二次加工できるか？	切削性、接着性、塗装やめっきのしやすさ
調達面、コストは適切か？	原料調達のしやすさ、原材料価格、金型製作費、成形～二次加工のコスト、塗装やめっきの必要性
法規制や安全性の問題はないか？	規制対象物質の含有、顧客からの要望への対応、リサイクル性、安全上の懸念点

φ(@°▽°@) メモメモ

メルトマスフローレイト（MFR）

溶液状態にある樹脂の流動性を示す尺度の1つです。高いほど成形しやすくなります。

ビカット軟化温度

軟化して塑性変形を生じる温度の尺度です。円形の圧子が所定荷重で1mmの深さまで侵入する温度で表します。ISO 306とASTM D1525という国際規格で規定されています。

セラミックス材料

セラミックス材料

セラミックスは、鉄より軽く、耐熱性、剛性がある。衝撃に弱い、機械加工や接着が難しい。

選定にあたっては、各種材料の機能性や用途例を踏まえ、加工法も考慮する。

1．セラミックスとは

セラミックスは、いわゆる陶器のことで、金属酸化物や金属炭化物などの無機物を焼き固めたもののことを言います。セメント、ガラス、ほうろうなども含まれます。

1）セラミックスの特徴

セラミックスの長所は、耐熱性が高いこと、硬くて剛性があること、酸化や腐食をしにくいことがあります。重さは、金属とプラスチックの中間にあたります。難点は、脆く、衝撃に弱いこと、硬いために機械加工が難しいこと、接着や表面処理が比較的しづらいことなどがあります。

☑ 融点が非常に高く耐熱性に優れる	☑ 硬く、剛性があり耐摩耗性が良い	☑ 耐薬品性、耐腐食性が良い
☑ 脆く、衝撃に弱い	☑ 加工しにくい	☑ 接着や表面処理をしづらい

図3-16 セラミックスの特徴

2）機械材料としてのセラミックスの用途

機械材料としてのセラミックスの用途は、構造材料（レンガ、アルミナ）、透明基板（無アルカリガラス、合成石英）、磁性材料（フェライト）、耐火・耐熱材（炭化ケイ素）、自動車エンジン部品（窒化ケイ素、アルミナ）、化学装置（ほうろう、アルミナ、イットリア）、刃物（ジルコニア）、工具（アルミナ、炭化チタン、窒化ケイ素）などがあります。

φ(@°▽°@) メモメモ

ファインセラミックス

ファインセラミックスは、化学組成や結晶構造を精密に制御して製造され機械部品や工具などの精密な工業材料に用いるものを言います。

2. セラミックス材料の分類

セラミックス材料には、様々な分類があります（**表3-29**）。セラミックス材料が様々な用途に活用が進んでいることがわかります。

表3-29 セラミックス材料の分類例

分類名	分類の内容	具体例
エンジニアリングセラミックス	耐熱性、硬度、耐食性が優れる、高温腐食環境の機械部品に使用可能なセラミックス	炭化ケイ素、窒化ケイ素、ジルコニア
機能性セラミックス	光学的、電磁気的、生体的などの特有な機能を発揮するセラミックス	ITO（透明電極）、窒化アルミ（冷却板）
構造用セラミックス	構造部品として使用されるセラミックス	耐火レンガ、アルミナ、窒化アルミ
高強度セラミックス	高応力が付加されても変形が少なく破壊しにくいセラミックス	窒化ケイ素、炭化ケイ素、アルミナ
マシナブルセラミックス	切削加工が容易なセラミックス	マイカ（雲母）複合セラミックス
導電性セラミックス	電気伝導性を持つセラミックス	ジルコニア
圧電セラミックス	圧電効果（電圧をかけるとひずみが生じる、またはその逆）のあるセラミックス	酸化チタン、酸化バリウム
透明セラミックス	光の内部散乱が少なく、透明性の高いセラミックス	YAG、イットリア
バイオセラミックス	生体親和性が良く、人工骨や人工関節などに用いられるセラミックス	リン酸カルシウム、ハイドロキシアパタイト
ニューガラス	特定の機能を最大限に発揮するように製造されたガラス	合成石英、ゼロ膨張結晶化ガラス
セラミックス基複合材料	セラミックスをマトリックスとする複合材料	繊維強化セラミックス、サーメット

参考：JIS R 1600「ファインセラミックス関連用語」

φ(@°▽°@) メモメモ

セラミックス材料の記号

セラミックス材料は、JIS R 1600で各種材料の名称と記号を規定しています。例えば、炭化ケイ素はSiCと表します。各材料の成分や機械的性質なども、用途別にJISで規定しています（**表3-30**）。

表3-30 セラミックス材料の用途別のJIS規格の例

用途	JIS
化学工業用耐酸磁器	JIS R 1501
研削材、といし	JIS R 6004
切削用超硬質工具	JIS B 4053

3. 代表的なセラミックス材料　JIS R 1600

代表的なセラミックス材料について説明します。各材料の特性を表3-31に示します。

① 炭化ケイ素　記号：SiC

炭化ケイ素（SiC）は、黒色で、高温（1400℃程度）でも機械強度の低下が小さく、熱伝導率が高く、耐摩耗性の高い材料です。メカニカルシール、摺動部品、ケミカルポンプなどに用いられます。

② 窒化ケイ素　記号：Si_3N_4

窒化ケイ素(Si_3N_4）は、靭性に優れ、熱衝撃耐性も高い材料です。金型、自動車エンジン部品、バーナーのノズル、ベアリング、シャフト、半導体製造装置部品などに用いられます。

③ アルミナ

アルミナ（Al_2O_3）は、白色で、電気絶縁性が優れています。使用量が多く、安価な材質です。耐火物、各種機械部品、電気部品、化学装置部品などに使用されています。

④ ジルコニア

ジルコニア（ZrO_2）は、人工ダイヤモンドとも呼ばれ、機械強度や耐久性が優れています。また、靭性も優れています。加工精度を高めやすい特徴もあります。精密金型、工業用カッター、ばねなどに用いられます。

表3-31 主要なセラミックス材料の特性

材料種	密度	曲げ強さ	硬度(HV)	耐熱性	熱膨張率	熱伝導率
単位	g/cm^3	MPa	MPa	℃	$\times 10^{-6}/K$	W/m·K
炭化ケイ素(SiC)	3.1～3.2	500～700	2000～3000	1600	3～4	70～140
窒化ケイ素(Si_3N_4)	3.1～3.2	900～1000	1500～1800	800	2～3.5	20～30
アルミナ(Al_2O_3)	3.7～3.9	300～500	1000～1800	1700	6～8	20～30
ジルコニア(ZrO_2)	5～6	1000～1500	1200～1300	600	7～11	3

※表は参考値であり、温度域や、材料の製造条件などで変化します。

φ(@°▽°@) メモメモ

マシナブルセラミックス

マシナブルセラミックスは、切削加工がしやすいセラミックス材料です。切削性を良くするため雲母を複合したものなど、様々な材料が開発されています。精密加工や、試作用途に向いています。注意点は、硬度や強度が通常のセラミックスよりも劣る点です。

5．セラミックスの加工

セラミックスの加工は一般的に、粉体を原料として、造粒、成形、焼結、仕上げ加工、と言う流れで行います（**図3-17**）。成形・焼結で、できるだけ最終製品の形状に近い形（ニアネットシェイプ）にします。焼結によって寸法は小さく変化します。仕上げの機械加工で寸法仕上げや表面仕上げなどを行います。機械加工は、切削加工の他、放電加工、レーザ加工を行う選択もあります。

図3-17 セラミックスの加工フローの例

設計目線で見る「セラミックスが割れる理由が分からなかった件」

セラミックスのタイルを金属プレートにろう付けした材料を使っていたときのことです。その材料は加熱して使用するのですが、使用後に割れてしまう問題がありました。

セラミックスが割れる原因に、表面の微小なキズ（マイクロクラック）があります。ここに、使用環境で引張応力などのストレスがかかると、マイクロクラックに応力が集中して、割れが生じるというメカニズムが知られています。対策として、表面の仕上げの改善を行いましたが、割れはおさまりませんでした。

最終的に、セラミックスの焼結の条件がポイントだとわかり、改善することができました。このタイルは従来よりも厚くしていたため、焼結時の水分の抜き方が難しく、乾燥不足になったり、残留応力が生じたりするようでした。材料だけの問題ではなく、タイルの厚みの設計も関わることでした。

材料の問題だからと素材メーカー任せにせず、一緒に問題を解決できるようになることも設計者にとって大切なことだと痛感した次第です。

複合材料

複合材料とは

複合材料は、異なる材料を組み合わせた材料。従来は得られなかった機能や物性を実現できる。急速に進歩しているものもあり、新しい技術を調べることも大切。

1．複合材料とは

複合材料とは、異なる材料を組み合わせて、狙いの機能や物性を実現したものです。

2．代表的な複合材料

複合材料は、機械的強度と軽量さを兼ね備えた材料や、複数の機能性を実現した材料などがあります。中でも炭素繊維強化プラスチック（CFRP）は軽量かつ引張強度が高い材料として、自動車や航空機の構造材として注目されています。従来からあるものとしては、鉄筋コンクリートや合板などがあります（表3-32）。

表3-32　代表的な複合材料

複合材料	特徴
ガラス繊維強化プラスチック(GFRP)	ガラス繊維を複合して強化したプラスチック材で、軽量で、高い引張強さ・弾性率を持つ材料
炭素繊維強化プラスチック(CFRP)	炭素繊維を複合して強化したプラスチック材で、軽量で、非常に高い引張強度を持つ材料
金属基複合材料(セラミックス金属複合材料)	金属やセラミックスを組み合わせて高剛性、高強度、軽量化、放熱性などを実現した材料
合板、集成材	木材を接着剤で貼り合わせて加熱加圧したもので、単板よりも強度や剛性を高めた材料
鉄筋コンクリート	鉄筋とコンクリートを組み合わせた構造材料(コンクリートも、セメントと砂利の複合材料)

鉄筋とコンクリートは相性がいいんですね
鉄筋は圧縮に弱く、引張に強い。コンクリートはその反対だから、組み合わせると強度が高まるよ。鉄筋の腐食をコンクリートが防ぐ効果もあるね。優れた複合材料は、互いを補い合うのさ！

① ガラス繊維強化プラスチック　GFRP

ガラス繊維強化プラスチック（Glass Fiber Reinforced Plastics：GFRP）は、プラスチックにガラス繊維材料を組み合わせて強化した複合材料です。プラスチックの弱点である低い弾性率を向上し、プラスチックの軽量さと、アルミニウムと同等の引張強さを備えます。粘り強く、耐久性も高く、様々な形に成形や加工もしやすい材料として、航空材料、車両部品、船舶スポーツ用品、浴槽、プールなど、様々な用途に用いられています。

GFRPの製造方法には、オートクレーブ法、樹脂注入法、シートモールド法など様々な方法があります（図3-18）。

図3-18 ガラス繊維強化プラスチックの製造工程

② 炭素繊維強化プラスチック　CFRP

炭素繊維強化プラスチック（Carbon Fiber Reinforced Plastics：CFRP）は、軽量でありながら非常に強度が高い材料で、鉄の10倍の引張強さを持つものもあります。次世代の構造材料として活用が進んでいます。

CFRPの製造方法は様々にありますが、代表的なものに、ポリアクリロニトリル（PAN）繊維を燃焼させて炭素繊維化して編み込み、樹脂含浸法によって複合化する方法があります。

CFRPの課題としては、価格が非常に高い材料であるため費用対効果が難しいこと、強度特性等が繊維の方向性に依存することなどがあり、上手に使いこなすための開発が現在も様々な業界で進められています。

③ 金属基複合材料

金属をベース素材として、他の材料を複合させて、機械的性質などを強化した材料を金属基複合材料（MMC：Metal Matrix Composites）と言います。

ベース金属は、目的に応じて選択されます。軽くて強い材料としてアルミニウム合金やマグネシウム合金、電気特性の良い材料として銅合金、耐熱性の良い材料としてニッケル合金などが用いられています。強化材は、炭化ケイ素やアルミナなどのセラミックスの粒子などが用いられます（**図3-19**）。

強化材を分散させる方法としては、ベース金属を溶解して強化材を添加して鋳造する方法（鋳造法）や、ベース金属と強化材の粒子を混合して焼結する方法（焼結法）などが用いられています。

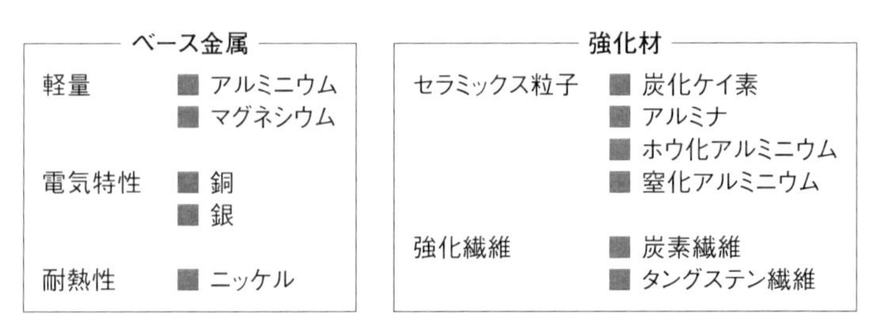

図3-19 金属基複合材料のベース金属、強化材の例

④ 集成材

木材を接着剤によって貼り合わせ、加熱加圧して接合させて成形したものを、集成材と呼びます。木材の美しい外観と高い剛性を実現し、床材や、家具、自動車の内装材などに利用されています。

3. 複合材料の活用

複合材料は、従来の材料では実現できなかった機能や物性を持つことが魅力です。現在も、技術の進展や用途の拡大が急速に進んでいるものもあります。

複合材料の活用の課題としては、一般に材料のコストが高くなる点があります。しかし、高価な材料を置き換えたり、後工程の加工や組み立てを削減したりすることで、結果としてコストメリットが得られる場合もあります。

機械材料の選定にあたっては、複合材料を活用する選択肢も頭に入れておくとよいでしょう。

φ(@°▽°@) メモメモ

複合材料を生み出す様々な技術

1）鋳造法

金属の造形法でもある鋳造法は、複合材料の製造にも用いられます。溶融したベース金属に、炭化ケイ素などの強化材を配合して鋳造します。ダイカストなどの従来からある工法を用いて複合材料を製造することが可能です（**図3-20**）。

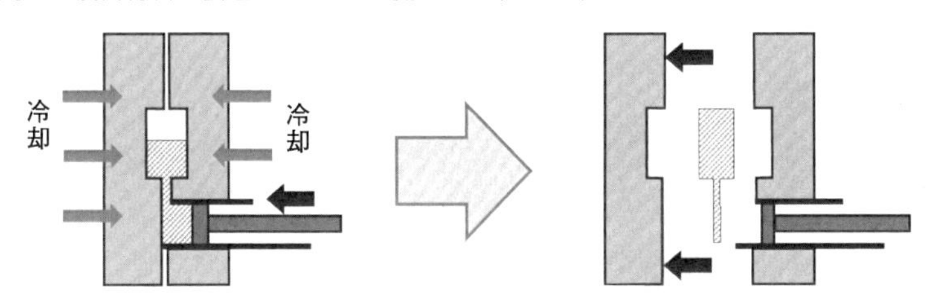

図3-20 ダイカスト法（鋳造法の一種）

2）焼結法

加熱と加圧によって、原料粒子同士が接合して成形する方法です。融点より低い温度で加工することができます。セラミックスや焼結金属の製造に用いられるほか、金属とセラミックスを複合した超硬合金などの複合材料の製造に用いられます（**図3-21**）。

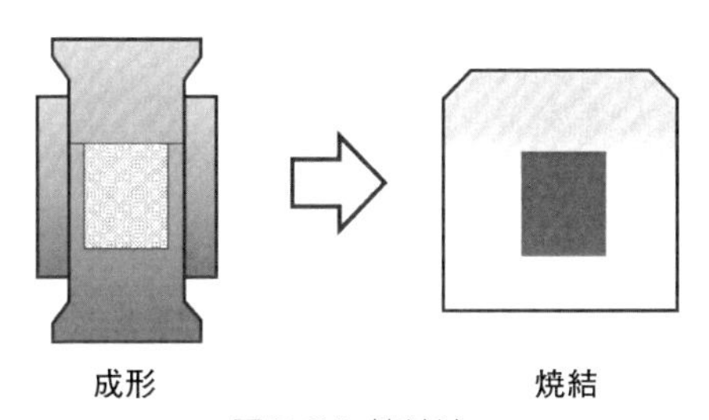

図3-21 焼結法

3）浸透法

セラミックスの多孔体をベースとして、型内で熱溶融した金属等を流し込み加圧して、多孔体の中に金属を含浸させる方法です（**図3-22**）。

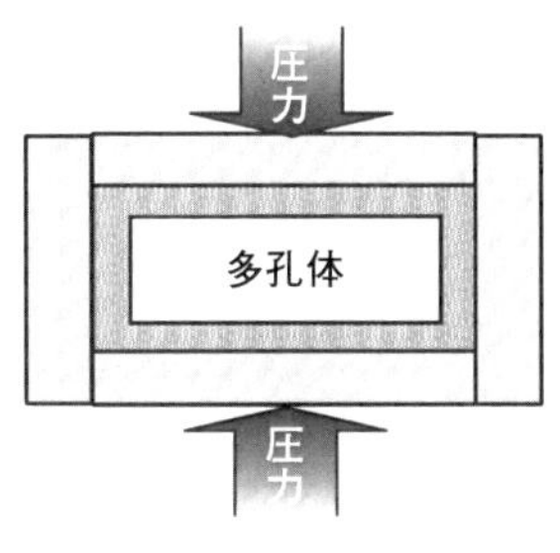

図3-22 浸透法

第4章

金属を強くするプロテイン！
「熱処理」

第4章	1	熱処理とは

熱処理

熱処理は、材料を加熱や冷却をして物性を変化させせる加工方法。材料選択においては熱処理も考慮する必要がある。**熱処理の記号はJIS B 0122「加工方法記号」に整理されている。**

1．熱処理とは

熱処理は、材料を加熱や冷却をして物性を変化させる加工方法です。熱処理によって、材料を硬くしたり、軟らかくしたり、錆びにくくしたりといった効果を与えられます。

代表的な熱処理には、焼なまし、焼ならし、焼入れ、焼戻しがあり、そのほかにも表面熱処理など、様々な方法があります（**図4-1**）。

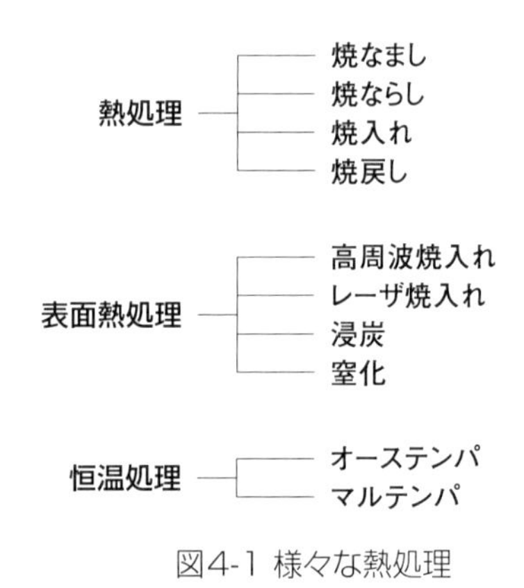

図4-1 様々な熱処理

■D(￣ー￣*)コーヒーブレイク

身近な熱処理

熱処理で身近なものと言えば、包丁などを作る刃物鍛冶（かじ）がありますね。赤く光る状態まで加熱された刃物を、水や油に浸して一気に冷却する焼入れの作業は、刃物の硬さや折れにくさを左右する、刃物づくりでも最も重要な工程の１つです。

焼入れは、刃物の温度状態を厳密に把握するため、夕方の薄暗い状態で行うそうです。高い集中力をもって、一瞬のタイミングをとらえて処理を行います。硬さ、切れ味、耐摩耗性など、優れた品質を実現する熱処理は、熟練の技能によってなされています。

2. 熱処理による結晶構造の変化

熱処理による変化は、金属の結晶構造の変化です。鋼材を例に見てみましょう。

鋼材は、常温ではα鉄とよばれる、フェライト組織の状態にあります。加熱して温度が高くなると、γ鉄（ガンマ鉄）と言うオーステナイト組織の状態に変化します。結晶構造の変化を「変態（へんたい）」と言います。さらに高温にするとδ鉄に変化します。結晶構造の最小単位である結晶格子は、α鉄では体心立方格子、γ鉄は面心立方格子、δ鉄は体心立方格子となります。変態によって結晶格子のサイズが変化し、炭素の溶解量も変化するため、材料物性の変化が生じます。

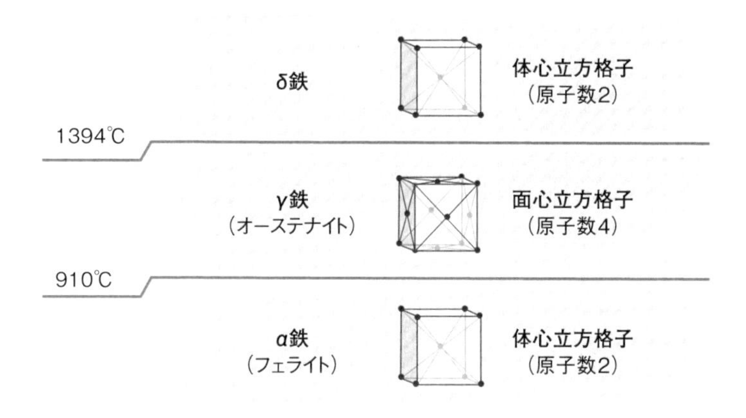

図4-2 鋼材の温度による変態

3．代表的な熱処理の方法

鋼材に用いられる代表的な熱処理には、「焼なまし」「焼ならし」「焼入れ」「焼戻し」の4つがあります（**表4-1**）。

表4-1 鋼材の熱処理の種類

種類	内容
焼なまし (annealing)	鋼を軟化させ、加工しやすくする
焼ならし (normalizing)	組織を均一安定なものにする
焼入れ (quenching)	鋼を硬くし、強くする
焼戻し (tempering)	焼入れ後の鋼に強靭性を与える また内部ひずみを除去する

① 焼なまし：Annealing　HA

焼なましは、金属材料を軟らかくする処理です。JISの記号で「HA」と表します。変態点以上に昇温して全ての内部ひずみを除去する「完全焼なまし」、過共析鋼などの炭素量の多い鋼材の炭化物を球状化させて加工性をよくする「球状化焼なまし」、400～700℃程度の低い温度で加工による残留応力を除去する「応力除去焼なまし」などがあります。

② 焼ならし：Normalizing　HNR

焼ならしは、金属材料を高温に加熱してから空冷して、金属組織を均一に微細化させる処理です。焼準（しょうじゅん）とも言います。JISの記号で「HNR」と表します。機械的性質の改善や均一化、切削加工性の向上を狙って行います。

③ 焼入れ：Quenching　HQ

焼入れは、金属材料を変態点以上に加熱してから、急激に冷却する処理です。JISの記号で「HQ」と表します。焼入れによって、金属材料は硬くなります。鋼材の硬化の度合いは炭素などの元素の含有量が多いほど高くなります。焼入れによって硬化しやすいほど「焼入れ性が良い」と言います。

④ 焼戻し：Tempering　HT

焼戻しは、焼入れ後の材料を再加熱して、靭性を高める処理です。一般に焼入れと焼戻しを合わせて実施します。JISの記号で「ＨＴ」と表します。焼入れで材料は硬くなりますが、もろく、割れやすくなります。そこで焼戻しを行って、粘り強さを高めます。

4．熱処理の記号

熱処理の記号はJIS B 0122「加工方法記号」に示されています（表4-2）。

表4-2 熱処理の記号（JIS B 0122 加工方法記号）

加工方法	略号	英語名
焼ならし	HNR	Normalizing
焼なまし	HA	Annealing
完全焼なまし	HAF	Full Annealing
軟化焼なまし	HASF	Softening
応力除去焼なまし	HAR	Stress Relieving
拡散焼なまし	HAH	Homogenizing
球状化焼なまし	HAS	Spheroidizing
等温焼なまし	HAI	Isothermal Annealing
箱焼なまし	HAC	Box Annealing(Case Annealing)
光輝焼なまし	HAB	Bright Annealing
可鍛化焼なまし	HAM	Malleablizing
焼入れ	HQ	Quenching
プレス焼入れ	HQP	Press Quenching
マルテンパ（マルクエンチ）	HQM	Martempering
オーステンパ	HQA	Austemper
光輝焼入れ	HQB	Bright Quenching
高周波焼入れ	HQI	Induction Hardening
炎焼入れ	HQF	Flame Hardening
電解焼入れ	HQE	Electrolytic Quenching
固溶化熱処理	HQST	Solution Treatment
水靭（じん）	HQW	Water Toughening
焼戻し	HT	Tempering
プレス焼戻し	HTP	Press Tempering
光輝焼戻し	HTB	Bright Tempering
時効	HG	Ageing
サブゼロ処理	HSZ	Subzero Treatment
浸炭	HC	Carburizing
浸炭浸窒	HCN	Carbo-Nitriding
窒化	HNT	Nitriding
軟窒化	HNTS	Soft Nitriding
浸硫	HSL	Sulphurizing
浸硫窒化	HSLN	Nitrosulphurizing

5．熱処理の温度と冷却速度

熱処理の効果は、到達温度と冷却速度によって変化します。温度については、オーステナイト化する温度であるA3変態点がポイントになります。焼なましは、A3より高い温度や低い温度に設定してから、炉内でゆっくり冷却して、粗いパーライト組織をつくります。焼ならしはA3変態点よりも高くして、空冷で比較的急速に冷却して、パーライト組織を微細化させます。焼入れは水や油に入れて急激に冷却することでマルテンサイト組織にします。焼戻しは低い温度（A1未満）の処理で、マルテンサイト中に炭化物を析出させます（**図4-3**）。

注）A1やA3については第2章の図2-3（鉄-炭素　二元系状態図）参照ください。

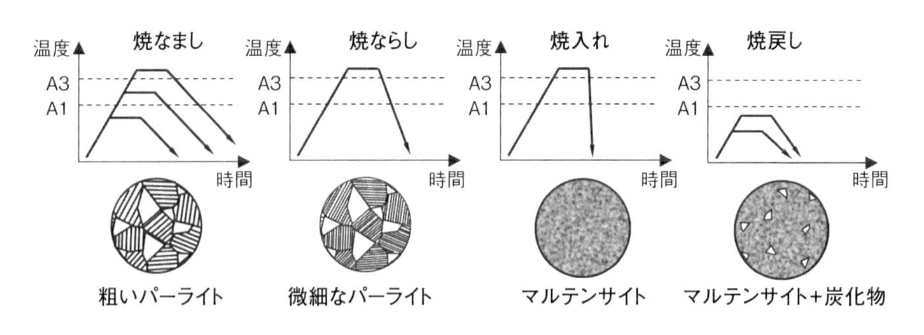

図4-3 熱処理の温度と組織の模式図

設計目線で見る「焼きなましで寸法変化やひずみを抑制できる件」

長尺モノの機械部品は、切削加工等で曲がりが生じる場合があります。プレスなどで曲がりの矯正を行うことがありますが、矯正の時に低温焼なましを指示して応力除去を行っておくと、後々に寸法変化や歪みの発生を抑制できます。引抜加工も残留応力を生じますので、引抜材を選定する際には、焼鈍材を選定することで、ひずみを低減させることができます（**図4-4**）。

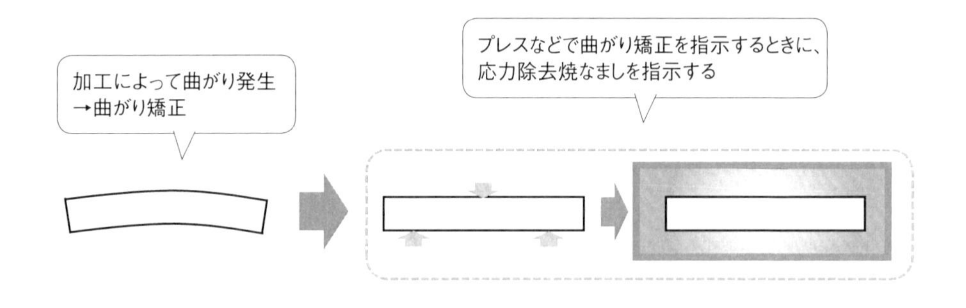

図4-4 焼なましのテクニック

焼入れ、焼戻し

焼入れ焼戻し

焼入れと焼戻しはセットで行うことで、材料を硬く強靭にする。炭素量が多いほど硬くなる。

焼戻し脆性、焼割れ、質量効果による熱処理ムラなどの不具合に注意して処理を行う。

1．焼入れとは

焼入れは、加熱した鉄鋼材料を急冷することでマルテンサイト組織に変化させて硬くする熱処理法です。硬度、引張強さ、耐摩耗性、疲労強度などを向上させることができます。焼入れをすると、硬くて脆い状態になるため、靭性を回復させるために必ずと言ってよいほど焼戻しも行います。

焼入れの効果の度合い（焼入れ性）は、材料によって異なります。炭素工具鋼、合金鋼、マルテンサイト系スレンレス鋼などは焼入れ性が良く、焼入れ性を改良させた合金鋼もあります。**表4-3**に、焼入れを行う鋼材の例を示します。

表4-3 焼入れを行う鋼材の例

分類	材料の種類
焼入れ性を向上させた合金鋼	Ni-Cr鋼、Ni-Cr-Mo鋼、Cr鋼、Cr-Mo鋼、Mn鋼、Mn-Cr鋼
強度対重量比が良い高力鋼	溶接構造用圧延鋼（SM）
硬くて摩耗に強い工具鋼	炭素工具鋼（SK）、合金工具鋼（SKS）、熱間ダイス鋼（SKD）、鋳造用型鋼（SKT）、高速度鋼（SKH）
ステンレス鋼	マルテンサイト系ステンレス鋼

φ(@°▽°@) メモメモ

広義の「焼入れ」

焼入れは、鋼材を加熱後急冷してマルテンサイト組織を得る処理ですが、広義には、「金属材料を加熱して急冷をする処理」を焼入れと呼ぶこともあります。

1）焼入れの方法

① 加熱

焼入れは、オーステナイト（γ）組織を急冷してマルテンサイト組織にすることで硬くする処理です。焼入れを行うためには、まずオーステナイト化させる必要があります。温度を上げすぎると結晶の粗大化による材料劣化が起こるため、オーステナイト領域の中でも、できるだけ低い温度を狙います。亜共析鋼は状態図のA3変態線より少し高い温度、過共析鋼はA1点よりも少し高い温度を狙います（**図4-5**）。完全にオーステナイト化していない温度から行うと、フェライト組織が残留して硬度が十分に得られません。これを不完全焼入れと言います。

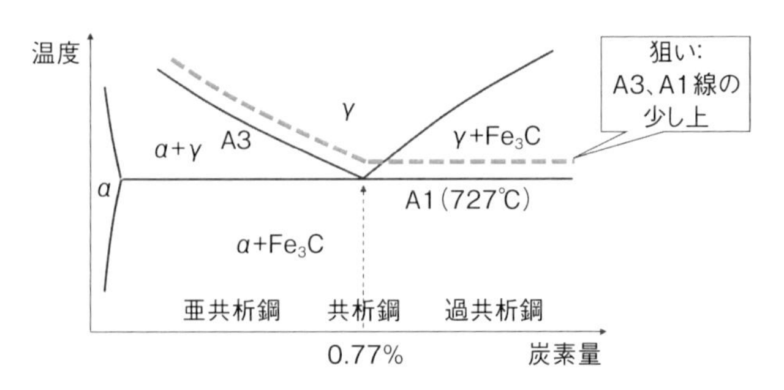

図4-5 焼入れの加熱温度

② 急冷

加熱した材料は急冷を行います。TTT図（Time Temperature Transformation diagrams）は、タテ軸に温度、ヨコ軸に時間をとって、熱処理過程で生じる組織を示した図です（**図4-6**）。冷却速度が十分に速いと、マルテンサイトになることがわかります。TTT図の曲線の形状は材料によって異なります。

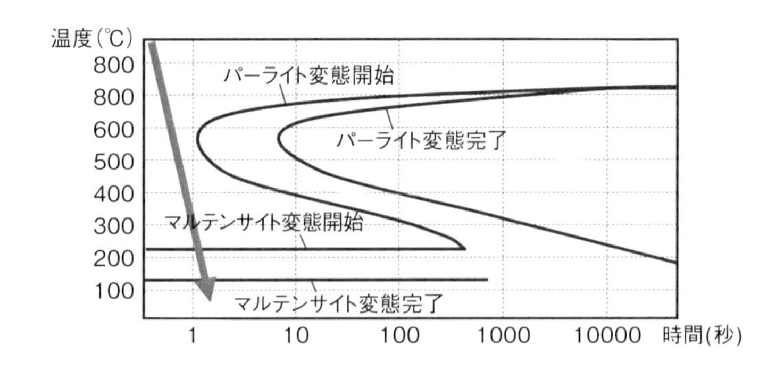

図4-6 TTT図（共析鋼の場合）

2）処理装置

焼入れは、加熱炉と冷却炉を組み合わせて用います。個別の製品を処理するバッチ式加熱炉や、複数の製品を加熱から冷却まで連続的に処理できる連続式加熱冷却炉などがあります。

加熱炉は、燃焼炉と電気炉があります。雰囲気ガスは様々な種類があり、狙いに応じて選択します。

冷却炉は、冷却方式としては水冷式と油冷式があります。空冷では焼入れの効果が得られません。水冷は急激に冷やすことができますが、割れや変形は起こりやすくなります。工業的には、冷却が緩やかで焼割れが起こりにくい油冷が主に採用されています。そのほかに、専用の冷却液を使った冷却法も用いられています。

φ(@°▽°@)　メモメモ

サブゼロ（SUB-ZERO）処理

焼入れはマルテンサイト組織へしっかりと変化させることが大切ですが、常温まで急冷しても完全には変化しません。実用上、マルテンサイトが90%以上で完全焼入れと判断します。残りは残留オーステナイト組織となります。残留オーステナイトは不安定で、長期間経つと寸法が変化するため、成形金型などでは寸法変化が生じて問題が発生します。特に、炭素量が多い鋼材ほどマルテンサイト化する温度が下がるため、残留オーステナイトが生じやすくなります。

この問題を回避するため、サブゼロ処理を行います。サブゼロ処理とは、冷却過程でドライアイスや液体窒素を使って0℃以下まで冷却する方法です。残留オーステナイトをマルテンサイトへ完全に変化させることができます。

ちなみにSUB-ZEROの“SUB”は”下“という意味で、潜水艦（SUBMARINE）でもおなじみですね。

3）焼入れ硬さ

鋼材を焼入れして硬さをアップさせる場合、炭素量が多いほど、焼入れ後により硬くなります。炭素量が0.6％以上になると、硬さはそれ以上あまり上がらなくなります（**図4-7**）。

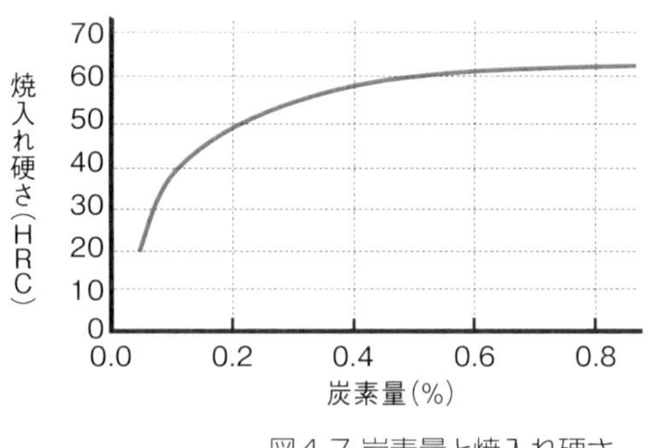

図4-7 炭素量と焼入れ硬さ

へー！
焼入れ硬さは、
HRC60程度が
限界なんか！

設計目線で見る「焼入れ不具合は設計で防止できる件」

焼入れで起こる不具合には、変形と割れがあります。マルテンサイト変態による体積増加や、急速な温度変化による膨張・収縮をすることで、残留応力を生じて変形や割れが発生します。表面のキズや、キー溝やねじ山などの凹凸形状で応力集中しやすい部位から割れが進行します。

焼入れ不具合を防止するには、熱処理の工夫に加えて、設計で対策することも可能です。**表4-4**、**図4-8**に、焼入れ不具合への対策を示します。

表4-4 焼入れ不具合の対策

熱処理による対策	材料・設計による対策
・事前に十分に焼なましをする ・材料にあった（均一処理できる）炉を用いる ・加熱しすぎて組織の粗大化をさせない ・十分に冷却してマルテンサイト変態させる ・冷却速度を可能な限り遅くする ・適切に焼戻しを行う	・線膨張係数の小さい材料を選定する ・焼入れ性の良い材料を選定する ・部分的に肉厚が大幅に異なる形状を避ける ・割れの起点となる面荒れや傷などを減らす ・応力集中しやすい形状を避ける（R面化） ・熱処理防止剤の塗布を指示する

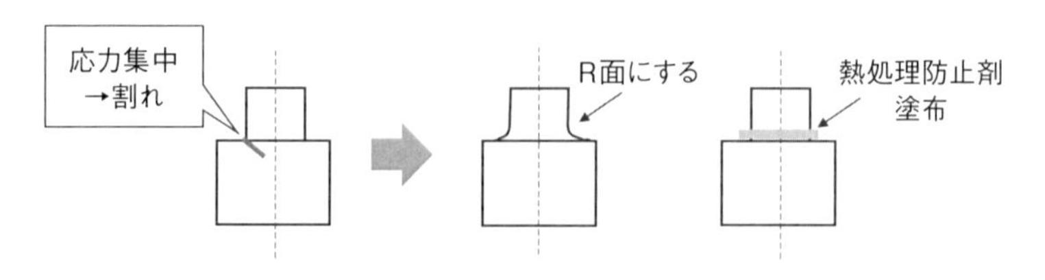

図4-8 焼割れ対策の例

2．焼戻し　Tempering、HT

焼戻しは、焼入れ後に変態点以下で再び加熱して急冷する処理です。焼入れによって硬度は上がりますが、脆い状態となっていますので、焼戻しによって靭性を与えます。焼入れは必ず焼戻しとセットで処理されると考えてよいでしょう。

焼戻しには、低温焼戻しと高温焼戻しがあります。

1）低温焼戻し

低温焼戻しは、温度150～250°C程度で1時間程度保持します。これにより内部応力が除去され、硬くてもろいマルテンサイトが粘りを持ち、耐摩耗性が向上します。また、経年劣化もしにくくなります。工具や刃物などに適用されます。

2）高温焼戻し

高温焼戻しは、温度450～650°C程度で1時間程度保持し、空気で急冷します。これにより残留オーステナイトをマルテンサイトに変化させて、残留オーステナイトによる変形や割れを抑制し、より粘り強くなります。材料種によって、硬化が生じます。マルテンサイト変態を伴うため、一般的に2回以上の処理を行います。強靭性が必要なシャフト、歯車、工具などに行われます。

φ(@°▽°@)　メモメモ

変形に強いばね鋼

熱間ばね鋼（SUP）は、焼入れの後、焼戻しで硬さを緩和して靭性を付与します。冷間ばね（SWP、SUSなど）は、成形時に加工硬化するため、焼入れは行わず、焼なましを行います。

3）焼戻し温度による機械的性質の変化

焼戻しの温度によって、硬さと靭性を調整することができます。低温焼戻しは、硬度や引張強さが高いという特徴があります。高温焼戻しは、靭性が高くなります。材料によって、二次硬化によって硬度が高くなるものもあります。

低温焼戻しと高温焼戻しの間の温度域で、処理後に脆化が生じることがあります。これを焼戻し脆性と言います（**図4-9**）。炭素鋼は、300℃前後で低温焼戻し脆性、500℃前後に高温焼戻し脆性があります。

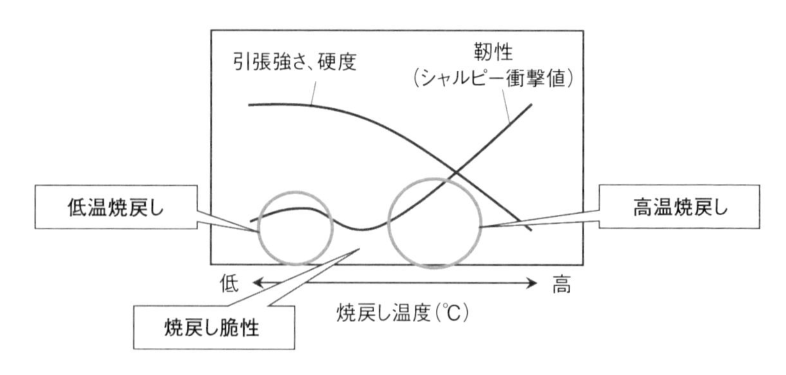

図4-9 焼戻しによる機械的性質の変化の例

3．その他の焼入れ

1）オーステンパ

オーステンパは、オーステナイト領域まで加熱して保持した鋼材を、300～400℃程度まで急冷して、この温度に長時間保持してから冷却する処理法です。マルテンサイト化させず、ベイナイトという組織に変態させます。強靭性を与えつつ、変形や割れが起こりにくい方法となります。焼戻しも必要ありません。

2）マルテンパ

マルテンパは、オーステナイト領域まで加熱して保持した鋼材を、マルテンサイト変態温度付近まで急冷して焼入れをする処理法です。適度な焼入硬化を与えるとともに、変形や割れが起こりにくい方法です。マルテンパの後には焼戻しを行います。

設計目線で見る「便利な材料には訳がある件」

熱処理においては、質量効果に注意する必要があります。質量効果とは、熱処理をすると表層と内部で処理の効果に差が出る現象です。表面側ほど急冷がしっかり行われるため焼入れが強く入り、内部ほど甘くなります。径が大きい、質量の大きい材料ほど表面と内部の差が大きくなるため、質量効果と言います。

このことは、材料選択をする際に注意すべき点になります。例えばS45C-Hのような調質材（焼入れ済の材料）は、質量効果によって中心部の焼入れが甘くなっている可能性があります。大径の調質材を細く削るという使い方は望ましくありません。このような場合には、非調質材を加工後に焼入れ焼戻しをする方が硬さを一定にすることができます。便利な調質材ですが、質量効果を考慮して選定するようにしましょう（**図4-10**）。

半熟卵をイメージするとわかりやすいですね。

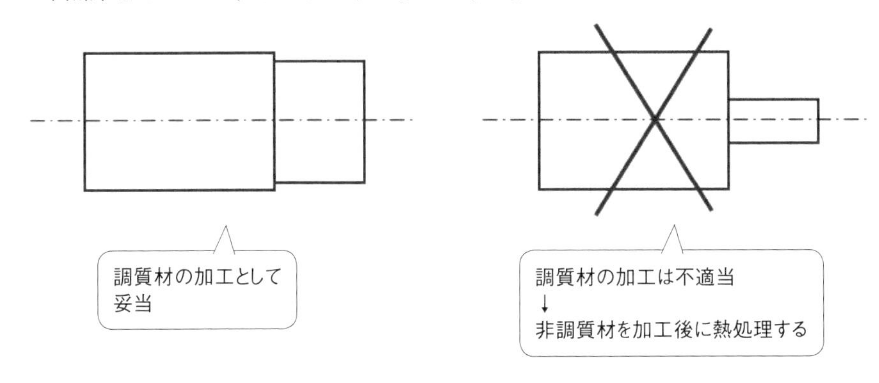

図4-10 質量効果を考慮した材料選定

設計目線で見る「加工硬化による落とし穴がある件」

焼入れ焼戻し後にワイヤーカットなどの放電加工を行うと、加工した場所に加工変質層（白層）が生じます（**図4-11**）。

加工面が溶融して、マルテンサイトと残留オーステナイトの混合組織となっています。加工変質層は硬く脆く、クラックの起点となるため、機構部品や金型などの劣化につながります。

対策としては、加工後に焼戻しを追加する方法や、ショットブラストなどによって加工変質層を取り除く方法などがあります。

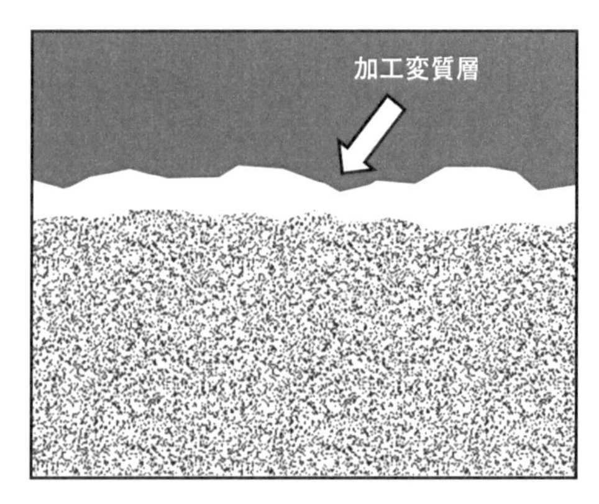

図4-11 加工変質層の模式図

MEMO

表面焼入れ、浸炭、窒化

表面焼入れ、浸炭、窒化

表面焼入れは、鋼材の表面付近を焼入れし、表面に硬さを付与する処理法。浸炭や窒化は、高温中で炭素や窒素を表面に浸透させて、耐摩耗性等を付与する処理法。

1．表面焼入れ

表面焼入れは、鋼材の表面付近を加熱してオーステナイト化し、急冷して表面のみマルテンサイト化させる処理法です。材料内部に変化を与えず、硬さや耐摩耗性を高めることができます。高周波焼入れ、火炎焼入れ、レーザ焼入れ、電解焼入れなどの方法があります。

1）高周波焼入れ

高周波コイルを用いて、図面に指示された領域のみに高周波電流を流して加熱する表面焼入れ法で、表面焼入れの代表的な手法です（図4-12）。

処理方法や加工仕上がりについてJIS B 6912に規格化されています。処理としては、焼入れ後に焼戻しを行います。炭素鋼や、合金元素の少ない機械構造用合金鋼などに適用されます。

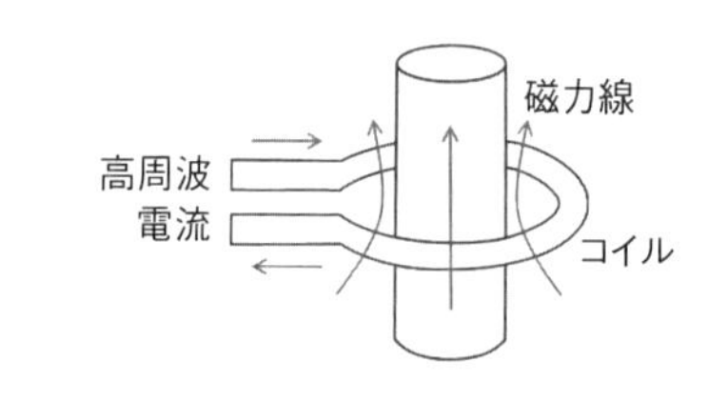

図4-12 高周波焼入れ

2）火炎焼入れ

火炎焼入れは、バーナー炎で加熱する表面焼入れ法です（図4-13）。

高周波焼入れよりも設備が簡易的で低コストです。また対象物のサイズや形状などの自由度が高いというメリットがあります。温度の調整が難しく、高い専門性を必要とします。多品種少量生産に向いています。

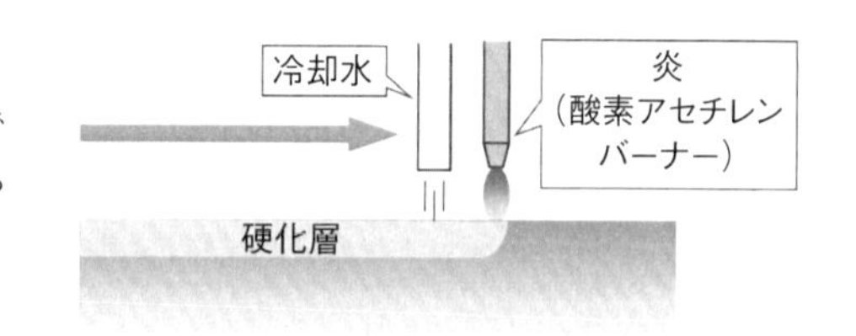

図4-13 火炎焼入れ

3）レーザ焼入れ

レーザ焼入れは、レーザ光を照射して加熱する表面焼入れ法です。ごく表面のみを高温にするため、材料の自己冷却作用で急激に温度が下がり、焼入れできます（図4-14）。

そのため冷却が不要です。一般的に焼戻しは行いません。局所的な焼入れが可能でひずみが起こらない、優れた表面焼入れ法です。広い面積を処理することには向きません。

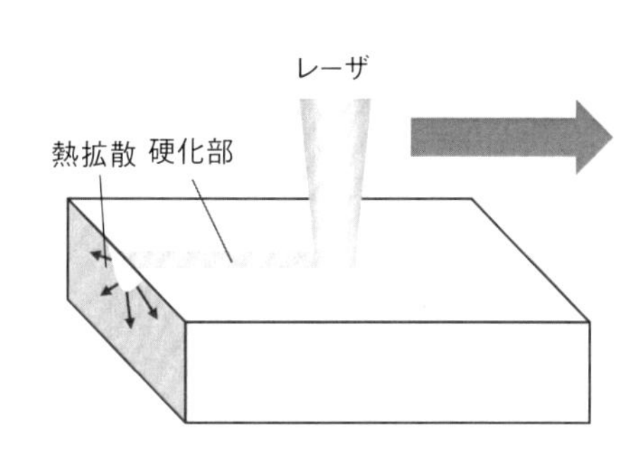

図4-14 レーザ焼入れ

4）電解焼入れ

電解焼入れは、電気分解処理による表面焼入れ法です。鋼材を電解液中（10%の$NaCO_3$等）に浸漬して、これを陰極として電気分解を行います。鋼材の周りに発生する水蒸気によって鋼材表面が覆われることにより生じるアーク放電で、表面が加熱される現象を利用します。加熱完了後に電流を切ると、水蒸気が消えて電解液によって急冷されます。

φ(@°▽°@) メモメモ

表面焼入れの選択

表面焼入れには一長一短があります。一般的な比較は**表4-5**のとおりですが、事業者によって特徴がありますので、よく確認しましょう。

表4-5 表面焼入れの比較

表面焼入れ	高周波焼入れ	炎焼入れ	レーザ焼入れ
焼入れ深さ	2～10mm程度	2～10mm程度	～1mm
焼入れ面積	大面積が可能	小面積	極小面積が可能
複雑形状への対応	制約あり	自由度高い	自由度高い
歪みの発生	やや小さい	やや大きい	小さい
面積あたり処理時間	早くできる	やや遅い	遅い
設備コスト	大	小	中

2. 浸炭　JIS B 6914

浸炭（しんたん）は、900℃程度に加熱した材料の表面から炭素を拡散浸透させる処理法です。主には耐摩耗性を向上させることを目的とします。一般に、浸炭を行った後に焼入れを行います。

浸炭は記号HCで表され、JIS B 6914にその分類や処理条件、品質などについて規定されています。

浸炭の種類としては、木炭等を加熱して発生する一酸化炭素ガスを用いる固体浸炭、シアン化ナトリウムなどの浴で処理をする液体浸炭（HCL）、二酸化炭素やメタンなどのガスで処理をするガス浸炭（HCG）、真空引きをしてからガスを導入する真空浸炭（HCV）、浸炭ガス雰囲気でプラズマ処理を行うプラズマ浸炭（HCP）があります。一般に、ガス浸炭が広く使われています。

設計目線で見る「浸炭の深さを数字で押さえておきたい件」

浸炭による硬化層の深さとしては、有効硬化層深さという指標を用います。これは、表面から硬度550HVの位置までの距離のことです。測定方法についてJIS G 0557で規定されています。

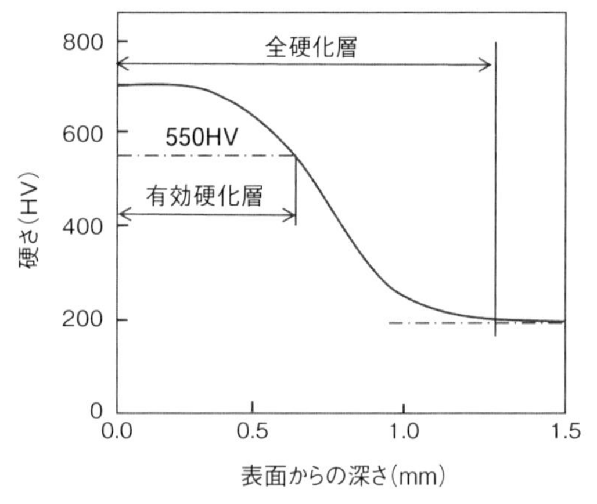

図4-15 浸炭による硬化層の深さ

浸炭って、どういったときに使えばいいんですか？
浸炭は名前の通り、炭素を素材に染み込ませることなので、元々炭素量が0.25%を下回る低炭素鋼に使うといいんだよ。

3．窒化　処理記号：HN　JIS B 6915

窒化（ちっか）は、600℃近くに加熱した材料の表面から窒素を拡散浸透させる処理法です。耐摩耗性や疲労強度の向上、耐食性や耐焼き付け性の改善を目的とします。

窒化は記号HNで表され、JIS B 6915にその分類や処理条件、品質などについて規定されています。窒化の種類としては、ガス窒化（HNT-G）、プラズマ窒化（HNT-P）、塩浴軟窒化（HNC-S）、プラズマ軟窒化（HNC-P）などがあります。

窒化により、硬化層は0.1〜0.5mm程度形成されます。軟窒化は、窒化と比較して短時間の処理で、20μm以下のごく薄い硬化層を形成します（**表4-6**）。

表4-6 窒化と軟窒化（鋼のガス窒化の場合）

項目	窒化	軟窒化
処理温度	500〜550℃	470〜580℃
処理時間	〜100時間	〜2時間
硬化層の深さ	0.1〜0.5mm	8〜20μm
用途	金型等	自動車部品等

軟窒化は、焼入れによる歪を小さくしたい場合や、炭素量が規定されていない普通鋼（SS400やSPCCなど）にも使うといいよ！

じゃぁ、薄板板金のリンク板などで、摺動による摩耗が心配なときに使えますね！

4．その他の表面熱処理

1）浸硫

浸硫は、材料の表面に硫化物を生成して、摩擦係数を減らし、耐焼き付け性や耐摩耗性を向上させる処理法です。エンジン部品、シャフト、熱間鍛造やアルミダイカストの金型など、摺動部や離型性が求められる部品に用いられています。

浸硫は主には塩浴による方法が行われていますが、ガス浸硫も用いられています。塩浴は主成分がNaCl、$BaCl_2$、$CaCl_2$です。さらに硫化鉄、硫酸ナトリウムなどを加えたものなどがあります。

2）ハードフェーシング

ハードフェーシングは、機械部品等の表面に硬い金属を肉盛りして、耐食性や硬度を付加する方法です。処理法としては、溶射、ガス溶接、アーク溶接、肉盛溶接などがあります（**表4-7**）。溶接は接合法の一種ですが、被覆法としても用いられます。

ハードフェーシングで用いる被覆材料としては、高マンガン鋼、高炭素高クロム鋼、ステライト（Co-Cr-W合金）、サーメット（TiC、TiN、Coなどを焼結した複合材料）、セラミックスなどがあります。

表4-7 様々なハードフェーシング技術

処理法	原理
フレーム溶射	酸素アセチレン炎等で棒や粉末の材料を溶融させながら吹き付ける
プラズマ溶射	超高温のプラズマジェットを生成して材料を溶融させながら吹き付ける
ガス溶接	可燃ガスを燃焼させて、溶接棒を溶融して溶着する
アーク溶接	溶接材と処理対象物の間にアーク放電を発生させて溶着する
TIG溶接	タングステン電極と処理対象物の間にアーク放電を発生させて溶着する
肉盛溶接	高周波でアーク放電を発生させ粉末の材料を溶融させながら吹き付ける

第5章

エフェクトで盛って魅せる！「めっき」

第5章	1	金属の腐食と防食

金属の腐食と防食

金属材料を使ううえで腐食と防食は避けて通れない。腐食の現象を理解し、防食技術である環境制御、被覆防食、耐食材料、電気防食の４種類を対象物に応じて使い分ける。

1．金属の腐食とは

金属が使用環境下で化学反応によって侵食される現象を腐食と言います。

1）金属の腐食の種類

腐食には、水分が関与する湿食と、水分が伴わない乾食があります。湿食は自然環境で錆びたり腐食したりする現象です。乾食は燃焼ガスなどの高温のガス雰囲気で酸化する現象です。

腐食の種類には、均一腐食と局部腐食があります。局部腐食は対象物の一部が腐食するもので、すきま腐食、孔食、異種金属接触腐食、粒界腐食、応力腐食割れなどがあります。

2）さまざまな腐食

① すきま腐食

材料の形状に、すき間や段差などの形状が存在する場合に、場所による電気的な状態の差が生まれて、電流が流れて腐食が進行する現象です。

② 孔食（こうしょく）

材料表面の点状の欠損から腐食が進行する現象です。ピッティングコロージョンとも呼ばれます。ハロゲン化物イオン（主に塩化物イオン）が存在すると孔食が進行しやすいと言われています。腐食によって生成された孔は、すきま腐食の原理でさらに腐食を促進させていきます。

③ 異種金属接触腐食（ガルバニック腐食）

鋼材とステンレス製ボルトのように、異なる金属製品同士を接して使用すると、一方の金属に激しい腐食が起こります。 これを異種金属接触腐食（ガルバニック腐食）と言います（図5-1）。

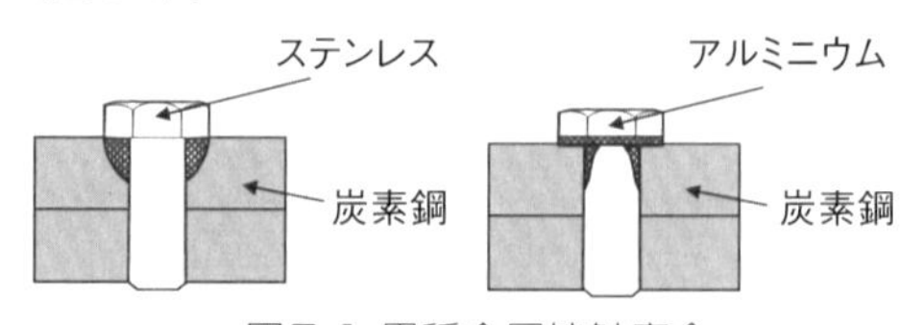

図5-1 異種金属接触腐食

異種金属接触腐食は材料固有の電位の差によって生じます。電位が高いことを貴(き)、電位が低い事を卑（ひ）と言います。接触する材料の間で、卑、つまり電位が低い材料が腐食します。様々な材料の電位を表5-1に示します。

表5-1 様々な材料の電位

材料	電位	
マグネシウム	−1.50	卑
亜鉛	−1.03	↑
アルミニウム	−0.76	
炭素鋼	−0.61	
鋳鉄	−0.61	
410ステンレス鋼(活性)	−0.52	
304ステンレス鋼(活性)	−0.48	
316ステンレス鋼(活性)	−0.38	
ネーバル黄銅	−0.38	
銅	−0.38	
70Cu−30Ni(白銅)	−0.25	
ニッケル	−0.20	
410ステンレス鋼(不動態)	−0.15	
チタン	−0.10	
304ステンレス鋼(不動態)	−0.08	
316ステンレス鋼(不動態)	−0.05	
ジルコニウム	+0.04	↓
白金	+0.15	貴

白金はホワイトゴールドではなく、プラチナのことだよ！
白金もジルコニウムも指輪の素材として有名なので貴金属ってイメージがわかるよね！

設計目線で見る「異種金属接触腐食（ガルバニック腐食）を抑えるテクニックの件」

設計上、異金属（例えばステンレス管と鋼管）を接続せざるを得ない配管部の場合、接続部にはフランジが存在します。互いのフランジ間に絶縁体シートを挿入するか、絶縁体となるナイロンコーティングしたフランジを使うなどの対策を行わなければいけません。

④ 粒界（りゅうかい）腐食

粒界腐食は、金属の結晶粒界が、成分の偏り（粒界偏析）によって腐食しやすい箇所ができると、そこから少しずつ腐食が進行する現象です。代表的なものはステンレス鋼の鋭敏化があります。これは600～700℃で熱処理した場合で、クロム炭化物の析出が起こり、粒界のクロムが少なくなって、耐食性が低下して腐食が進行します。

粒界腐食の対策として、次のようなものがあります。

・約1100℃に加熱して炭化クロムを溶解させて、再発生しないように急冷する
・チタン、ニオブなど、炭化物を形成しやすく粒界析出しにくい元素を加える
・ステンレス鋼製造時に、高純度化して炭素量を減らす

⑤ 応力腐食割れ

応力腐食割れは、残留引張応力のある材料が腐食性環境にあるときに割れを生じる現象です。オーステナイト系ステンレス鋼の塩化物応力腐食割れが有名です。引張応力によって表面の酸化皮膜が破壊され、腐食と亀裂が進行します（**図5-2**、**図5-3**）。

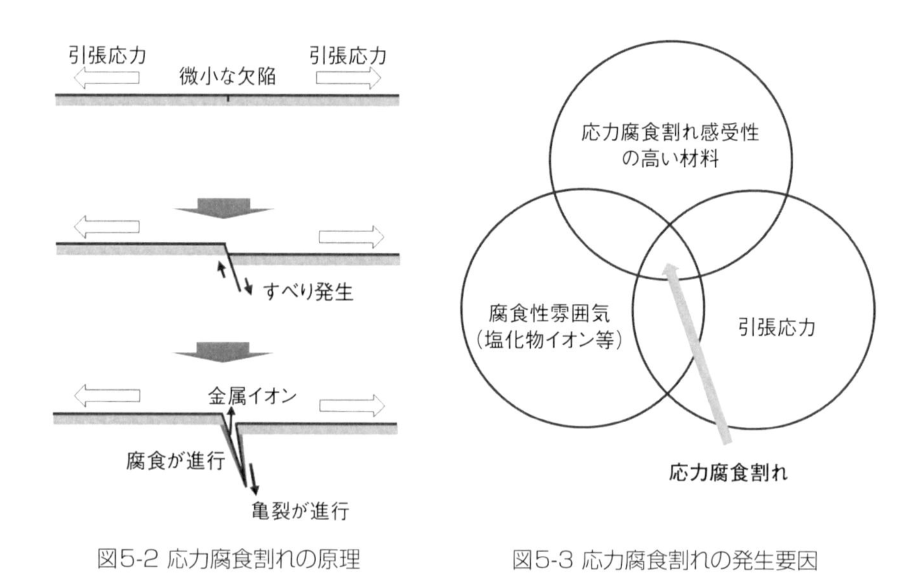

図5-2 応力腐食割れの原理　　図5-3 応力腐食割れの発生要因

設計目線で見る「応力腐食割れを抑えるテクニックの件」

応力腐食割れを抑えるテクニックとしては、900℃程度の焼きなましで残留応力を除去する、ショットピーニング等で表面に圧縮応力を与える、ニッケルやリンなどの添加によって粒界腐食割れ感受性を低減させる、などがあります。

⑥ 電食

電食（電蝕とも書きます）は、電気回路から生じた迷走電流により生じる腐食です。電線の近くに設置された金属材料などで生じやすくなります。

φ(@°▽°@) メモメモ

イオン化傾向

イオン化傾向とは、金属が水の中で金属イオンになりやすい順に並べたものです。錆びやすさ（酸化しやすさ）の順でもあります。無電解めっきの反応や、異種金属接触腐食が、この順序に起こります（**図5-4**）。

イオン化傾向　小（酸化しやすい） ⟷ イオン化傾向　大（酸化しにくい）

<table>
<tr><th>金属</th><th>K</th><th>Ca</th><th>Na</th><th>Mg</th><th>Al</th><th>Zn</th><th>Cr※</th><th>Fe</th><th>Ni</th><th>Sn</th><th>Pb</th><th>(H)</th><th>Cu</th><th>Hg</th><th>Ag</th><th>Pt</th><th>Au</th></tr>
<tr><td>空気中での反応</td><td colspan="3">乾燥空気中で速やかに酸化される</td><td colspan="11">空気中で表面が徐々に酸化される</td><td colspan="3">変化しない</td></tr>
<tr><td>水との反応</td><td colspan="3">常温で反応して水素を発生</td><td colspan="5">高温で水蒸気と反応して水素を発生</td><td colspan="9">変化しない</td></tr>
<tr><td>酸との反応</td><td colspan="11">塩酸や希硫酸と反応して水素を発生</td><td></td><td colspan="3">硝酸や熱濃硫酸に溶ける</td><td colspan="2">王水だけに溶ける</td></tr>
</table>

※Crは、一般的なイオン化傾向の列には表現されていません。
Crの多いステンレスは合金のため列にはありませんが、銅と同じくらいと言われています。

図5-4 イオン化傾向

イオン化傾向を覚える語呂合わせは「貸そうかな、まああてにするな、ひどすぎる借金」です。

貸(K)そうか(Ca)な(Na)、
ま(Mg)あ(Al)当(Zn)て(Fe)に(Ni)す(Sn)な(Pb)
ひ(H)ど(Cu)す(Hg)ぎ(Ag)る借(Pt)金(Au)

2．防食

金属の腐食を防止する方法を、防食（ぼうしょく）と言います。

防食には様々な方法がありますが、環境制御、被覆防食、耐食材料、電気防食の４つに分けることができます（図5-5）。

防食は、必要な防食の効果と、コストなどを考慮して、用途に適した方法を選択します。

防食
必要な防食効果やコストなどを考慮して、用途に適した方法を選択する。

環境制御
車のラジエータの冷却水に、脱酸素あるいは腐食抑制剤添加による腐食の軽減が行われている。

被覆防食
めっき膜、溶射膜、塗装膜、陽極酸化被膜、ほうろうなどで腐食を防止する。

耐食材料
チタンやステンレスなど、耐食性のある材料を選択する。

電気防食
金属の電位を電流により変化させて腐食を防止する。

図5-5 防食

電気防食ってどんなところで使われているんですか？
よく使うのは、海洋や土中の構造物だね。被覆防食ができない、補修ができない、などの場合に行うよ。

設計目線で見る「技アリな防食を使うなら原理を理解しておくべき件」

耐食材料の使用は強力な防食手段ですが、費用が高くなってしまいます。そこで被覆防食が力を発揮します。「犠牲防食」や「組合せ防食」は、金属の特徴を利用した技アリな防食法です。

1) 犠牲防食（亜鉛めっき）

犠牲防食は、素地よりも卑な（腐食しやすい）めっき皮膜が優先的に腐食することによって、素地が腐食しにくくなるという効果を使った防食法です。

トタンは鋼板に電気亜鉛めっきを施したものです。亜鉛が鋼板よりも腐食しやすいことを利用しています。

ブリキは鋼板にスズめっきを施したもので、鉄よりも貴な耐食性のある膜です。

しかし腐食しやすい環境においては、めっき膜の微小な欠陥（ピンホール）から局部腐食が進行しやすくなりますので、素地を腐食させたくないためには、亜鉛めっきの方が優れています（**図5-6**）。

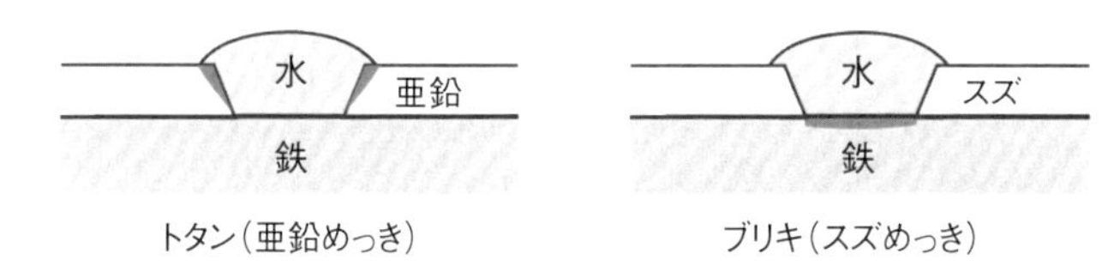

図5-6 亜鉛めっきの犠牲防食効果

亜鉛めっき鋼板の切断面は、傷、ピンホールの場合と同じと考えることができるため、亜鉛めっきの犠牲的防食機能によりその切断面から先に錆び始めることはありません（**図5-7**）。

図5-7 亜鉛めっき鋼板の切断面（約18年、室内放置）

φ(@°▽°@) メモメモ

作業者の手の脂に弱い切断面

亜鉛めっき鋼板は、図5-7のように室内で放置しているだけでは錆びはほとんど進行しません。しかし作業者などの人の手の脂に弱いため、手袋を付けて取り扱う必要があります。

2）組合せ防食

組合せ防食は、複数のめっき膜などを組み合わせて効果的に防食する方法です。代表的な方法にニッケル－クロムめっきがあります。クロムはニッケルに対して卑な金属ですが、酸化皮膜が不動態（ちみつで酸素を遮断する酸化皮膜）を作るため、ニッケルよりも耐食性が高くなります。

表層のクロムめっき膜に欠陥があると、まずニッケルが腐食されて鉄素地が露出するまでの間、素地の腐食を防止する効果があります（**図5-8**）。

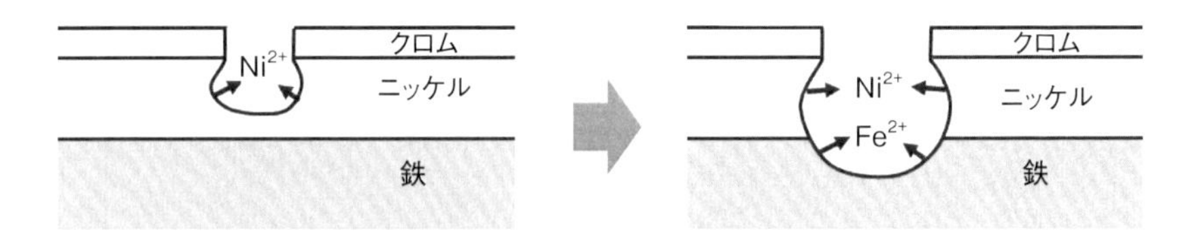

図5-8 組合せ防食法（ニッケル-クロムめっき）

クロムめっきに微細なクラックやピンホールを無数につくったものをマイクロクラックまたはマイクロポーラスクロムめっきと言います。

クロム－ニッケル間の接触腐食が多くの箇所で起こり、腐食電流が分散される結果、光沢ニッケルめっきの腐食が小さく、鉄素地に達するまでの時間を稼ぎます（**図5-9**）。

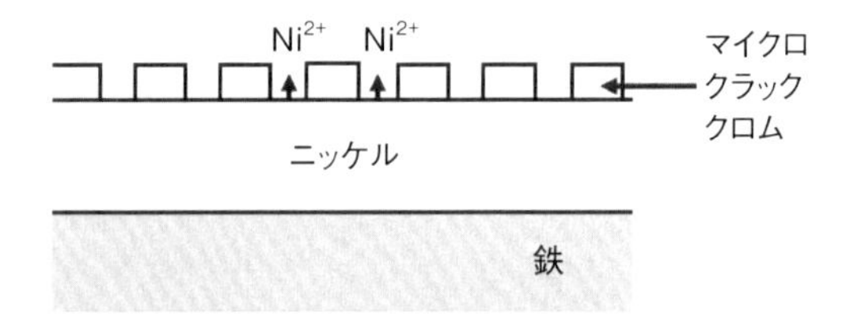

図5-9 組合せ防食法（マイクロポーラスめっき）

■D(￣ー￣*)コーヒーブレイク

めっきの歴史

めっきの語源の変遷です。
塗金（ときん）→ 滅金（めっきん）→ 鍍金（めっき）

奈良・東大寺の大仏は、金と水銀を1：5の比率で混合してアマルガム（水銀と他の金属の合金）とし、これを表面に塗って加熱して水銀をたいまつで蒸発させて金を青銅上に固着させたのです（**図5-10**）。これを金アマルガム法と言います。

水銀の蒸気は人体にとって有害なため、現在では金アマルガム法を行う場合には適切な排気・回収設備を用いることが義務づけられています。

図5-10 東大寺の大仏のめっき

各種めっき技術

めっき技術

様々な材料に金属の膜を付ける技術。装飾、防食、その他各種の機能を与える。めっきの選定においてはめっき記号（JIS H 0404）を参照し、ミスが起こらないようにする。

1．めっき技術

めっきは、金属や非金属（樹脂など）の表面に、銅、ニッケル、クロム、金などの密着性のある薄い皮膜を付ける方法です。様々な特徴があります（**図5-11**）。

☑ 様々な金属を付けられる	☑ 金属やプラスチックなど様々な素材に付けられる	☑ 省資源、省エネルギー（材料使用を節約）
☑ 光沢や半光沢など多彩な外観が可能	☑ 電流と時間でめっき厚さを制御できる	☑ 小物から大型品まで生産性良く処理

図5-11 めっきの特徴

めっきの主な機能としては、装飾性の付与と、防食があります。それ以外にも様々な機能があります。同時に複数の機能を果たすことが可能です（**表5-2**）。

表5-2 めっきの機能と用途

機能	用途
装飾性	アクセサリー、自動車部品、インテリア
防食性	ボルトナット、自動車部品、建築用資材
耐摩耗性	工具、金型、シャフト、シリンダー
電気特性	接点部品、スイッチ部品、電気回路
物理的特性	半導体リードフレーム、電磁波シールド
化学的特性	医療用器具、触媒金属フィルタ
熱的特性	パソコンのヒートパイプ、調理器具
光学的特性	ライトの反射板、防眩性ミラー

■D(￣ー￣*)コーヒーブレイク

身近なめっき

身近な製品の中にも意外なところに、めっきの技術が使われています。

1）ミラー・反射板（光の反射）

① ステンレスやアルミニウム表面を電解研磨し、光沢ニッケルめっき
② 鏡面を研磨する（電解研磨）
③ 光沢ニッケルめっき ⇒ 光沢銀めっき

2）化粧品（光の反射）

① ナノサイズのナイロンボールに銀めっき

3）工具：ダイヤモンドやすり（ダイヤモンドの密着）

① 金属にダイヤモンド粉を付ける
② ニッケルめっきしてダイヤモンドを電着する

4）抗菌靴下（抗菌）

① 銀めっきした繊維を一定の割合で織り込む
（素材例：綿、アクリル、ナイロン、ポリウレタン）

2.めっきの分類

めっきは大きく分けて次の３つに分類されます（図5-12）。

・湿式めっき…液中に対象物を浸漬して処理します。電気めっきと無電解めっきがあります。

・乾式めっき…真空中でガス状の材料を対象物表面に膜付けします。

・溶融めっき…溶けためっき材料中に対象物を浸漬させて膜を付けます。

この中でも一般的に湿式めっきが多用されています。

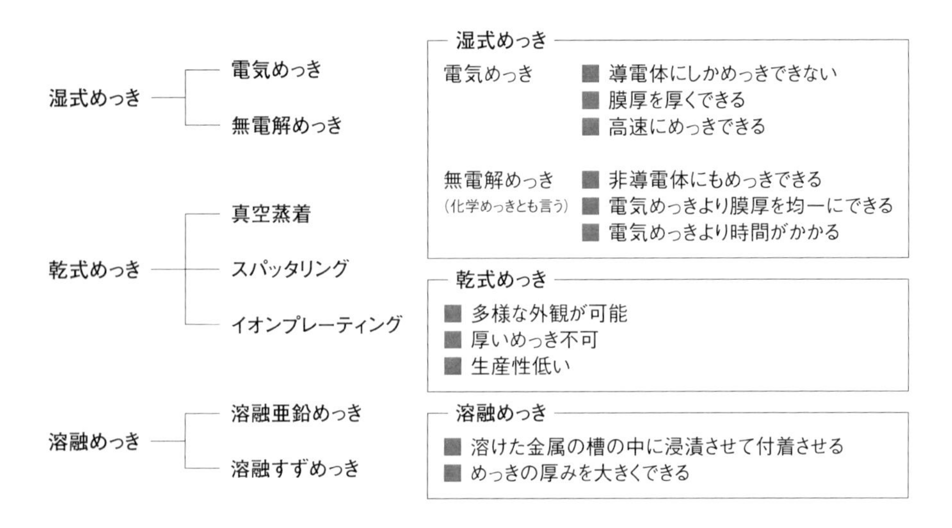

図5-12めっきの分類

設計目線で見る「めっき膜が付いた材料を後から加工するテクニックの件」

めっき膜を付けた材料に加工を行うと、加工した場所がめっき膜剥がれの起点になる恐れがあるため、追加工図面を作成する場合には加工側と打ち合わせなどが必要です。

亜鉛めっき鋼板を溶接する場合には、溶接個所の亜鉛めっき膜を事前にグラインダーなどで除去しておくことが望ましいです。加工後は、ジンクリッチペイントなどの錆止め補修剤を塗布して補修を行います。

1）電気めっき

電気めっきは湿式めっきの一種で、最も広く利用されます。外部電源から運ばれる電子が陰極面上で金属イオンに転移し、陰極表面上に金属皮膜を形成するめっき法です（図5-13）。

電気めっきは、膜厚を厚く高速に処理できることが特徴です。亜鉛、スズ、ニッケル、コバルト、鉄、銅、銀、金、ロジウムなど、様々な金属をめっきできます。

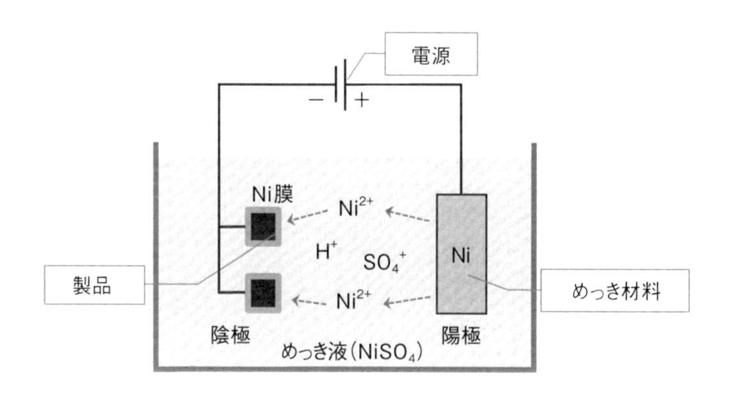

図5-13 電気めっきの原理（Niめっきの場合）

φ(@°▽°@) メモメモ

電気めっきの品質のポイント

- 治具と品物の接点をしっかりと取り、電気の流れを良くする必要がある。
- 陰極と陽極の間に遮蔽物があると、電気的に陰になり、その部分の析出性が悪くなる。
- エッジ部分は電界集中により電流密度が高くなるため、めっきの膜厚他の部位より多く析出する。（この現象を“花が咲く”と言う）
- 脱脂処理の過程で水素ガスを使って洗浄すると水素脆性を引き起こすため、高炭素鋼やばね用のピアノ線などにめっきをする場合は注意が必要。
- 脱脂工程が、めっきの密着性やピンホールを通じての耐食性などにも影響を及ぼし、めっきの密着不良の8割は脱脂不良と言われている。

設計目線で見る「液体に浸漬するゆえの理屈を知っておく件」

軸の端部にめねじを加工する場合、ほとんどの場合が止まり穴で設計します。

このような止まり穴のある部品に電気亜鉛めっきのような湿式めっきを施す場合、めっき液の表面張力によって液が穴に溜まり、組立後に流れ出して錆やシミができるクレームが発生します。この現象は小さな穴ほど発生しやすくなります。

対策として、めっき液抜き用の抜き穴を設けるか、図面作成時にマスキング指示を忘れてはいけません（**図5-14**）。

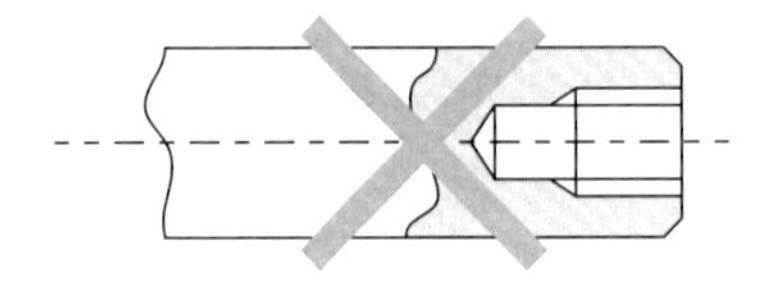

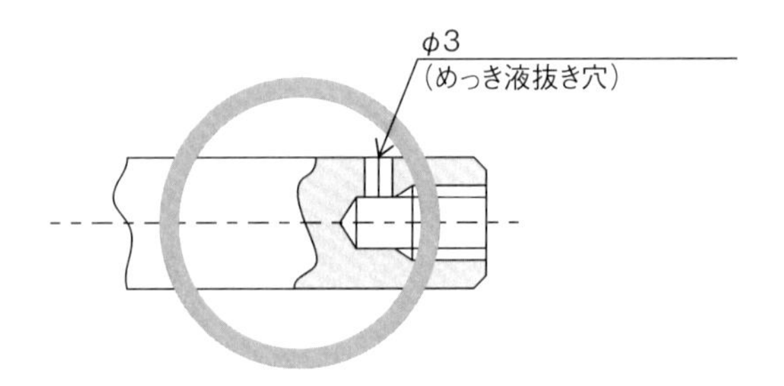

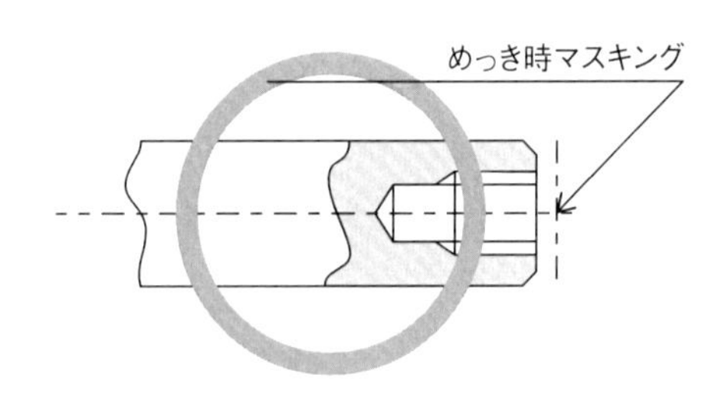

図5-14 止まり穴のある軸に湿式めっきをする場合の注意点

表5-3 各種電気めっきの特徴

めっきの種類	特徴	素地	用途	JIS規格
金めっき 金合金めっき	・化学的に安定 ・耐食性 ・装飾性 ・はんだ付け性 ・電気伝導性	・銅合金 ・ステンレス鋼 ・鉄鋼など ※下地ニッケルめっきが必要	・精密機器部品 ・装飾器具	JIS H 8620
銀めっき	・装飾性、銀白色 ・はんだ付け性 ・電気伝導性 ・黒変する（変色防止の後処理が必要）	・鉄鋼 ・銅合金	・精密機器部品 ・装飾器具	JIS H 8621
銅めっき	・装飾性 ・電気伝導性 ・研磨しやすい ・複雑形状にめっきしやすい ・後工程のめっきの密着性向上	・鉄鋼 ・銅合金	・精密機器部品の下地めっき ・装飾器具 ・浸炭防止用処理	―
亜鉛めっき	・耐食性 ・装飾性 ・塗装密着性 ・錆びる（犠牲防食） ・めっき後の曲げ加工等で割れやすい ・後工程のクロメートで防錆効果	・鉄鋼全般（焼入品、鋳物は供給者と要相談） ・ステンレス鋼や非鉄全般は不向き	・自動車外装部品 ・電子部品筐体 ・機械部品 ・建材部品	JIS H 8610
クロムめっき	・耐食性 ・耐磨耗性 ・高硬度（HV1000） ・低摩擦係数 ・離型性	・鉄鋼全般 ※下地バフ研磨やブラストが望ましい	・ベアリング ・シリンダー ・金型部品 ・切削工具	JIS H 8615
ニッケルめっき	・装飾性 ・耐食性 ・密着性（下地めっき） ・バリア性（バリア層） ・大気中で酸化する ・後工程（クロムめっき）が必要	・鉄鋼 ・鋳物 ・銅合金 ・アルミニウム	・ピストン ・シリンダー ・金型	JIS H 8617

2）無電解めっき処理

無電解めっきは湿式めっきの一種で、通電を行うことなくめっきをする方法です。プラスチックなどの非導電体にもめっきすることができます。電気めっきよりも膜厚を均一にできますが、電気めっきより時間がかかります。

通電をしないため治具を簡単な形にできる、均一な膜厚（1～200 μm）を得られる、密着性が良い、HV500±50（めっき厚25μm程度）まで硬度を上げられる、熱処理で最高HV1000まで硬化できる、などの特徴があります。

① 置換めっき（無電解銅めっき） JIS H 8646

置換めっきは、貴な金属イオンを含む溶液中に卑な金属を浸漬すると、素地が溶解し、貴な金属が析出することを利用しためっき法です。素地金属の溶解によって放出される電子によって、溶液中の金属イオンが還元されて、素地電極上に析出します（図5-15）。

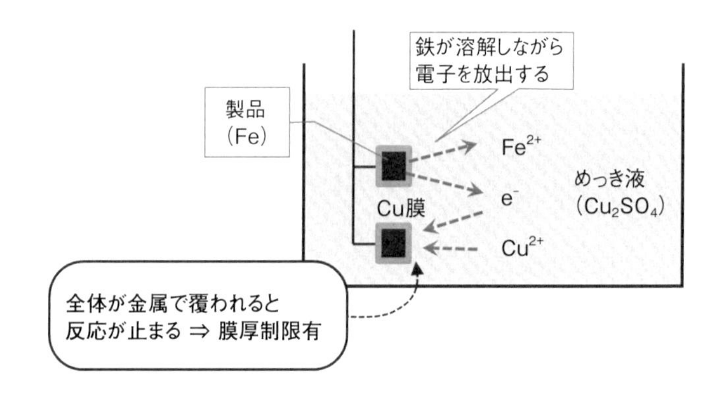

図5-15 置換めっきの原理（無電解銅めっきの場合）

② 自己触媒めっき（無電解ニッケル－りんめっき） JIS H 8645

自己触媒めっきは、めっきを付ける素地自体が触媒となって反応を進めるめっき法です。無電解ニッケル－りんめっきは、次亜リン酸とニッケルイオンの浴を用います。素地の鉄が次亜リン酸を酸化して電子を取り出し、ニッケルイオンを還元して金属析出させます（**図5-16**）。

耐食性や耐摩耗性が高い膜を、複雑な形状に対しても均一に、狙いの膜厚で付けることができます。皮膜組成はニッケル約90％・リン約10％となります。シャフト、電装部品、機械部品などに用いられます。

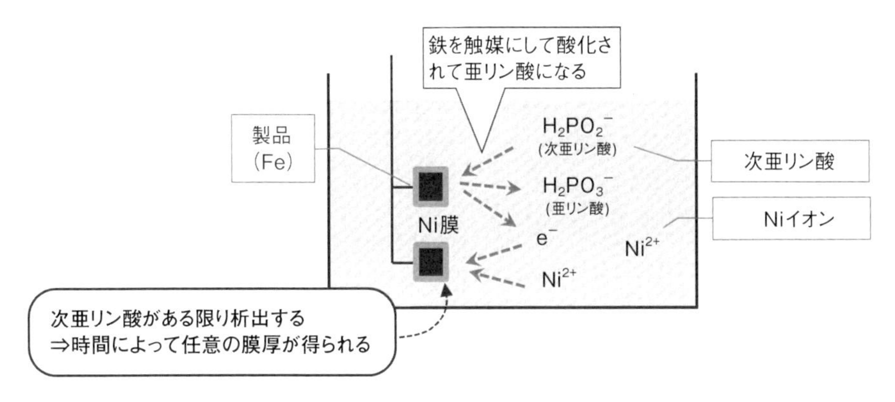

図5-16 自己触媒めっきの原理（無電解ニッケル－りんめっきの場合）

③ 無電解めっきを用いたプラスチック材料へのめっき処理

ABSなどのプラスチック材料へめっき膜を形成するには、エッチングで表面を荒らしたのち、パラジウムを表面に付着させて、パラジウムを触媒として無電解ニッケルめっきを行い、電気めっき工程に進みます（**図5-17**）。

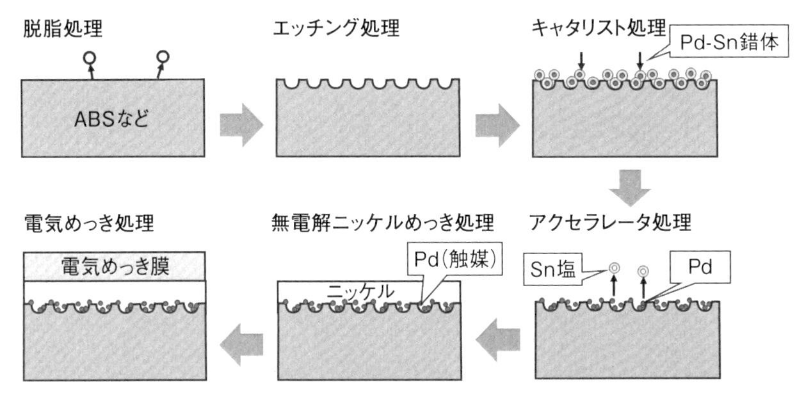

図5-17 プラスチックへのめっき

④ 無電解めっきを用いたアルミニウムへのめっき処理

アルミニウムの表面処理はアルマイト（陽極酸化処理）が代表的ですが、近年ではめっきが急増しています。背景としては、自動車部品の軽量化（鋼材からアルミニウムへ置き換え）や、電気部品の導電材料の低コスト化（安価なアルミニウムの活用）があります。アルミニウム材料の表面に、耐摩耗性、はんだ付け性、装飾（黒化など）などの機能を付与するために、めっきが用いられます。

設計目線で見る「アルミニウムにめっきを付けるテクニックの件」

アルミニウムのめっきは簡単ではありません。表面の薄い酸化皮膜があるため、電気めっきをしても密着性の良いめっき皮膜をのせることができません。そこで、前処理として、エッチング、スマット（残留不純物）の除去、ジンケート処理（亜鉛置換めっき）を施して、導通状態にしてから電気めっき工程へ移します（**図5-18**）。めっきは、クロムめっきや無電解ニッケルめっきが用いられます。

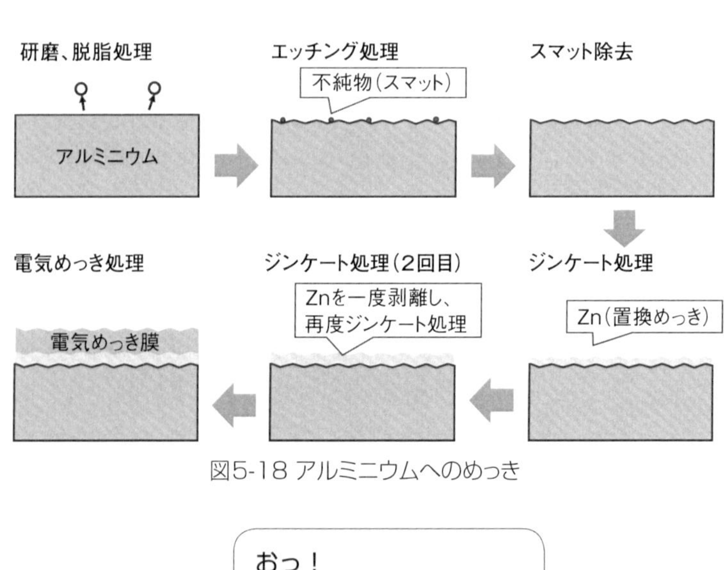

図5-18 アルミニウムへのめっき

おっ！
アルミの表面処理って、
アルマイト一択かと
思ってた！

3．めっき処理記号　JIS H 0404

Ep − Fe／Zn　25 b／CM2：B

Ep	Fe	Zn	25	b	CM2	B
めっきを表す	素地	めっきの種類	めっき厚	めっきのタイプ	後処理	使用環境

めっきを表す記号	
Ep	電気めっき
ELp	無電解めっき

素地の種類を表す記号	
Fe	鉄、鋼及びそれらの合金
Cu	銅及びその合金
Zn	亜鉛及びその合金
Al	アルミニウム及びその合金
Mg	マグネシウム及びその合金
PL	樹脂
CE	セラミックス

主なめっきの種類を表す記号	
Zn	亜鉛めっき
Cu	銅めっき
Ni	ニッケルめっき
Sn	スズめっき
ICr	工業用クロムめっき
Ni-P	(無電解)ニッケル－リンめっき

めっき厚を表す記号	
0.1	0.1μm以上
8	8μm以上
[1]	等級1(3μm以上)
[2]	等級2(5μm以上)
[3]	等級3(10μm以上)

めっきのタイプを表す記号		
b	光沢めっき	銅めっき ニッケルめっき クロムめっき 金めっき 銀めっき 合金めっきなど
s	半光沢めっき	
v	ビロード状めっき	
n	非平滑めっき	
m	無光沢めっき	
cp	複合めっき	
bk	黒色めっき	
d	二層めっき	ニッケルめっきなど
t	三層めっき	
r	普通めっき	クロムめっき
mp	マイクロポーラスめっき	
mc	マイクロクラックめっき	
cf	クラックフリーめっき	

後処理を表す記号	
CM1	光沢クロメート
CM2	有色クロメート
(CM3) ※JISに規定はない	黒色クロメート
HB	水素除去

使用環境を表す記号	
A	腐食性の強い屋外
B	通常の屋外
C	湿気の高い屋内
D	通常の屋内

図5-19 主要なめっきの記号(JIS H 0404より抜粋)

設計目線で見る「めっき処理記号を使いこなしてトラブルを防止する件」

めっき処理は処理記号によって明確化することができます。めっきの種類（電気／無電解）、素地の材質、めっき膜の種類、めっき厚、めっきのタイプ（光沢めっきなど）、後処理、使用環境を示すことができます。

めっき処理はめっき事業者へ委託する場合、処理内容を明確にすることがトラブル防止になりますし、めっき事業者と連携してより良い処理方法を選択することにも役立ちます。

めっき厚は下限値を示しています。寸法の公差を考慮して、記号の値よりも厚めを狙って付けます。

φ(@°▽°@) メモメモ

演習 めっき処理記号の意味

次のめっき処理記号の意味を考えてみましょう。

1）次の記号はどんなめっきを表すでしょうか？

① Ep-Fe/Sn 15/：B ⇒鉄素地、電気すずめっき15μm以上、通常屋外用途

② ELp-PL/Ni(90)-P [3]

⇒樹脂素地、無電解ニッケルりんめっき(Ni90%) 10μm以上

2）次のめっきを指示する記号は何でしょうか？

① 銅板に光沢ニッケルめっき20μm→クロムめっき30μm

⇒ELp-Cu/Ni 20b, Cｒ 30

② 鋼材に電気亜鉛めっき15μm→黒色クロメート ⇒Ep-Fe/Zn 15/CM3

第5章 | 3 |

陽極酸化、化成処理

陽極酸化

材料を陽極として通電して耐食性の高い酸化膜を形成する。

化成処理

材料を処理液に浸漬して化学反応により防錆効果のある化合物皮膜を形成する。

1．陽極酸化とは　JIS H 8601

めっき以外にも、材料表面に皮膜を形成する方法があります。その1つが陽極酸化で、アルマイトも陽極酸化の一種です。

陽極酸化は、電気分解反応を利用して、陽極に設置した材料の表面に酸化膜を形成する方法です。アルミニウム、チタン、マグネシウム、鋼材などの金属材料に用いられます。

1）陽極酸化の原理

陽極酸化は、処理を行う金属材料を陽極として電解液中に浸し、通電を行います。材料の表面が酸化されて、酸化膜が表面に形成します（図5-20）。

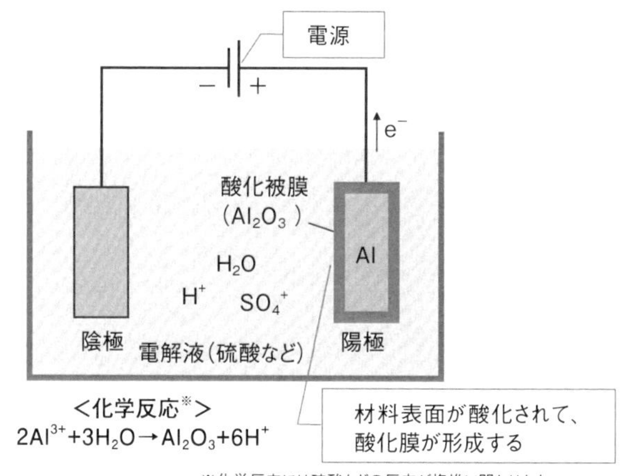

図5-20 陽極酸化の原理

2）アルマイト処理

アルミニウムの陽極酸化処理をアルマイト処理と言います。耐食性や表面硬度を向上させるためよく活用されています。アルミニウム合金のA 1000～A7000や、鋳物、ダイカストなどに処理が可能です。酸化膜の厚みは一般に5～20 μm程度を狙います。

酸化膜は微小な孔が形成されて、そのままでは化学的に不安定で腐食や変色を生じやすいため、封孔処理を行います（**図5-21**）。封孔処理は、蒸気や煮沸水を当てる方法や、クロム酸などで処理する方法があります。

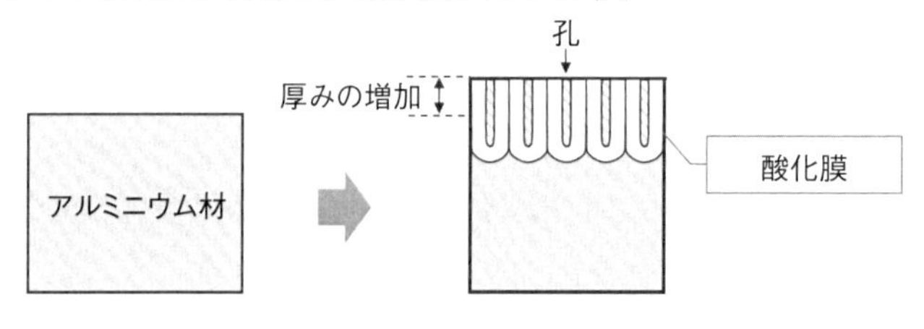

図5-21 アルマイト処理

2．電解研磨

電解研磨（Electropolishing、EP）は、電気分解によって金属材料の表面の微小な凹凸を溶解する処理法です。バフ研磨などの物理的な研磨処理と同様に、表面を平滑化することができます。ステンレス、チタン、銅、アルミニウムなどに適用されます。

処理方法は、陽極酸化と同じように対象物を陽極として処理装置に設置して、材料を溶解できる電解液を用いて、通電処理を行います。

設計目線で見る「電解研磨の仕上がりは形状に大きく左右される件」

電解研磨は対象物を電極として通電して行います。対象部の形状によっては、電流が流れやすい場所、流れにくい場所が生じます。電気の流れにくい場所は、電解研磨の効果が弱くなってしまいます。対策として、反対の電極である陰極を狙いの場所の近くに設置する、電解液や電流の条件を調整するなどの方法があります。このような対策は費用と時間がかかります。設計形状を工夫することで電解研磨をカンタンにする選択肢も頭に入れておきましょう。

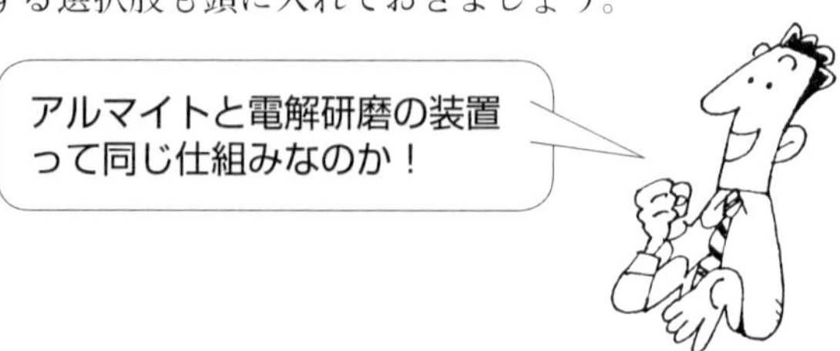

アルマイトと電解研磨の装置
って同じ仕組みなのか！

3．化成処理

化成処理は、金属材料を処理液に浸して、化学反応によって表面に化合物を作る表面処理法です。リン酸塩処理や、クロメート処理など、様々な方法があります（**表5-4**）。主な目的は錆びの防止や塗装の下地処理（密着性向上）などです。

表5-4 主な化成処理

処理法	内容	効果
リン酸塩処理	リン酸塩溶液に浸漬して、リン酸塩皮膜を形成する。	防錆、塗装密着性向上
クロメート処理	クロム酸塩溶液に浸漬して、皮膜を形成する。	防錆、密着性向上、 美観付与
黒染(くろぞめ)	高濃度のアルカリ溶液に140℃程度の高温で浸漬して、鉄の表面に四酸化三鉄の黒い皮膜を形成する。	防錆 美観付与(黒色光沢) 耐摩耗、潤滑性向上

1）リン酸塩処理 JIS K 3151

リン酸塩処理は鉄鋼材料等の化成処理として幅広く用いられています。リン酸塩が材料表面と反応し、厚さ数μmのリン酸塩皮膜を形成します。

リン酸塩の種類により効果が異なります。リン酸亜鉛は防錆や塗装下地として、機械部品やガードレールなどに用いられます。リン酸マンガンは防錆効果に加えて耐摩耗性が高く、自動車のカムシャフトやギヤなどの摺動部品などに用いられます。

処理工程は一般的には脱脂→水洗→表面調整→リン酸塩処理→水洗→乾燥という流れとなります。処理は40～90℃程度で行います。表面調整は、リン酸塩結晶の核となる成分を付与する前処理です。なお、錆びた素材を処理する場合には、最初に研磨などで錆びを除去します。

2）クロメート処理　JIS H 8625

クロメート処理は亜鉛めっき上に施される化成処理で、クロム酸塩等に浸漬して酸化クロムの皮膜を形成します。リン酸塩処理と同様に、塗装密着性を改善します。防錆効果として、亜鉛めっきの白錆の発生を防ぎ、赤錆発生までの時間を延ばす効果があります。また、外観を美しくし、指紋汚れを付きにくくする効果もあります。クロメートにはいくつかの種類があります（**表5-5**）。

表5-5 クロメート皮膜の等級･種類及び記号(JIS H 0404)

種類	記号	皮膜質量(g/m^2)	代表的色合(参考)	耐食性
光沢	CM1 A	≦0.5	透明,時として青味	低
淡黄色	CM1 B	＞0.5, ≦1.0	わずかに干渉模様	↑
黄色	CM2 C	≦1.5	黄色干渉模様	↓
緑色	CM2 D	＞1.5	オリーブ,グリーン,ブロンズ,褐色	高

■D(￣ー￣*)コーヒーブレイク

6価クロムの毒性と規制

クロメート等で用いられてきた6価クロムは強い毒性があり、使用が厳しく規制されています（**表5-6**、**図5-22**）。毒性のない3価クロムへの置き換えが進められています。

表5-6 6価クロムと3価クロム

種類	6価クロム	3価クロム	金属クロム
毒性	猛毒 （発がん性、内臓障害、皮膚炎）	無毒	無毒
規制	RoHS/ELVで規制	規制なし	規制なし

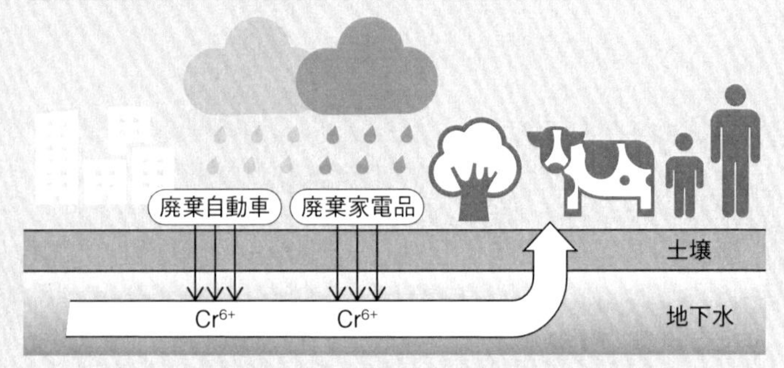

図5-22 6価クロムの廃棄物からの循環

RoHS（ローズまたはロースと呼ばれる）指令、ELV指令

RoHS指令は、欧州連合（EU）の「電気・電子機器における特定有害物質の使用制限に関する法律」です。ELV指令は、同様にEUが定めた指令で、使用済み車両からの廃棄物について規制しています。六価クロムは両指令の規制対象物質として指定されています（**表5-7**）。

表5-7 改正RoHS指令、ELV指令の対象物質と最大許容度

対象物質	改正RoHS	ELV指令
カドミウム	0.01wt%	0.01wt%
鉛	0.1wt%	0.1wt%
水銀	0.1wt%	0.1wt%
六価クロム	0.1wt%	0.1wt%
ポリ臭化ビフェニル	0.1wt%	-
ポリ臭化ジフェニルエーテル	0.1wt%	-
フタル酸ジエチルヘキシル	0.1wt%	-
フタル酸ジブチル	0.1wt%	-
フタル酸ブチルベンジル	0.1wt%	-
フタル酸ジイソプチル	0.1wt%	-

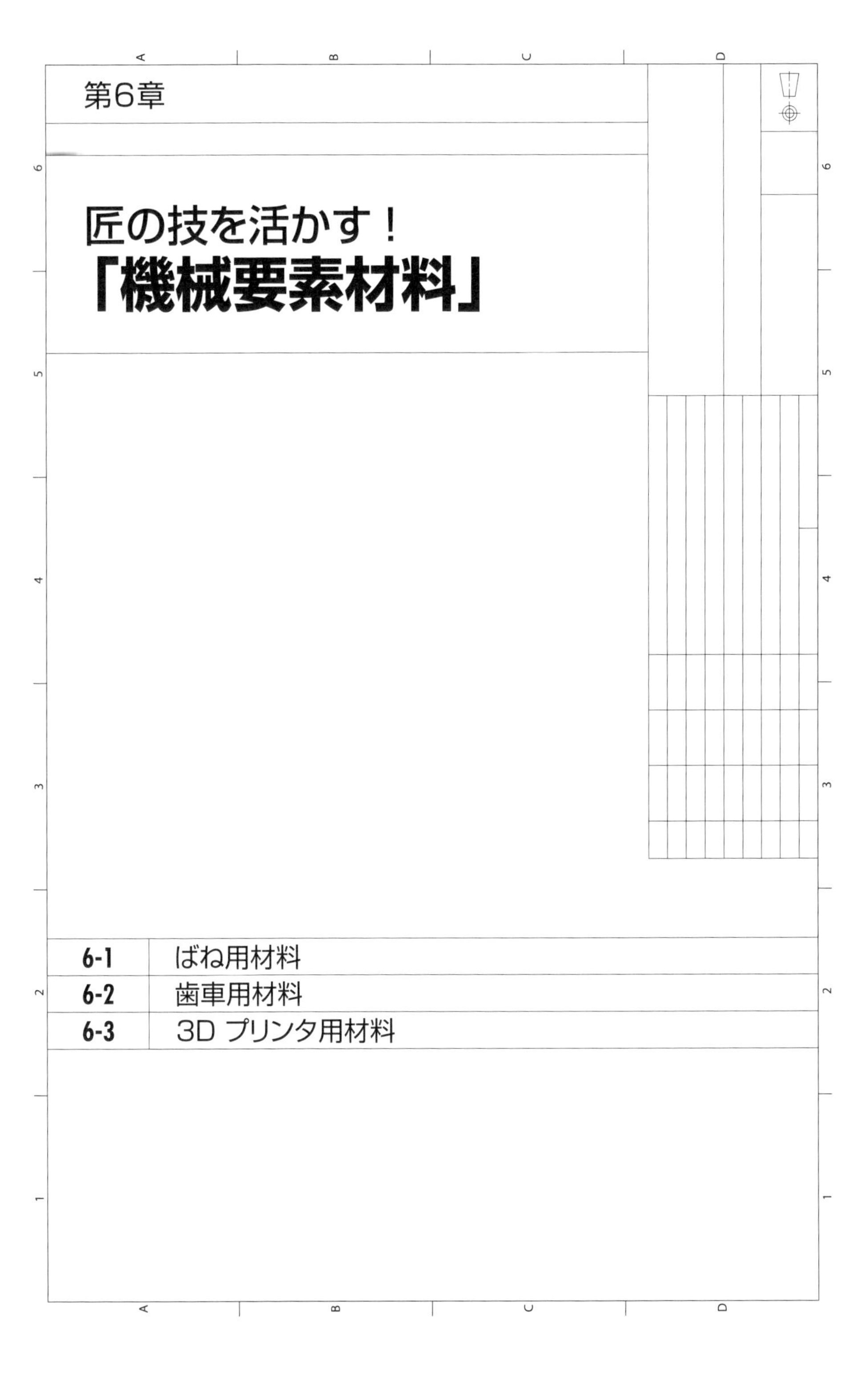

第6章

匠の技を活かす！「機械要素材料」

第6章 | 1 | # ばね用材料

ばねの材料

ばねの材料は、JIS 規格としてばね用の鋼線材、ばね用の鋼帯に分類され、熱間材料や冷間材料に加えてステンレスや銅合金、ニッケル合金、チタン合金などに区分されている。

機械設計で利用頻度の多い金属ばねは、下記のように加工法の違いから熱間成形ばねと冷間成形ばねに大別され、さらに形状ごとに区分されます（図6-1）。

荷重の大きさやスペースから、熱間成形ばねか冷間成形ばねのどちらかを選択します。

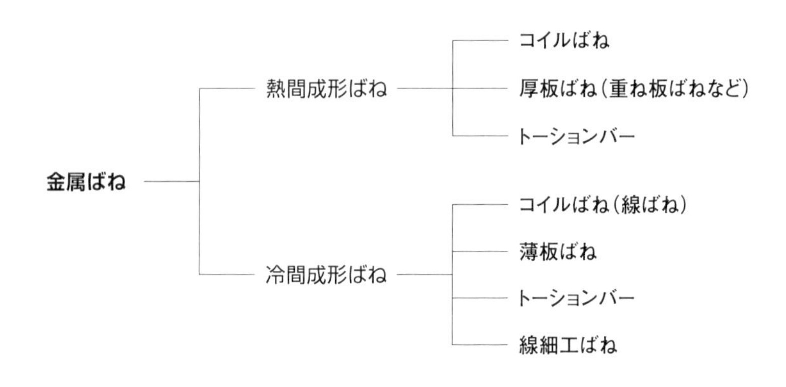

図6-1 製造方法で層別した金属ばねの種類

φ(@°▽°@) メモメモ

熱間（ねっかん）成形材料

素材を加熱して柔らかくして成形する材料のことです。

大型の部品に適応しますが、加熱することで酸化被膜などを生じるため表面の仕上がり状態は悪く、熱膨張による寸法精度に影響が出やすくなります。

冷間（れいかん）成形材料

素材を常温のまま成形する材料のことです。

小型の部品に適応し、表面状態と寸法精度も良好です。

1．コイルばねの材料

1）熱間成形ばねの材料

熱間成形ばねの代表的な材料は、「ＳＵＰ」で表されるばね鋼で、素材の直径が太いため素材を熱して柔らかくした状態でコイル形状に加工します。冷間成形ばねに比べて、大きな荷重を必要とする場合に使用します。

熱間成形ばねには次のようなものがあり、一般的にばね鋼が利用されます（**表6-2**）。

表6-2 熱間材料（ばね鋼鋼材）の記号と特徴

<table>
<tr><th>材料名</th><th>材質記号</th><th>引張強さ</th><th>特徴</th></tr>
<tr><td rowspan="2">シリコンマンガン鋼鋼材</td><td>SUP6</td><td rowspan="10">1226
[MPa]</td><td rowspan="4">炭素鋼に比べて焼入れ性が良く、靱性が高く過酷な使用条件に耐えます。
主として 鉄道や乗用車などの重ね板ばね、コイルばね及びトーションバーに使用されます。
SUP9Aは、SUP9に比べて、焼入れを向上させたものです。</td></tr>
<tr><td>SUP7</td></tr>
<tr><td rowspan="2">マンガンクロム鋼鋼材</td><td>SUP9</td></tr>
<tr><td>SUP9A</td></tr>
<tr><td>クロムバナジウム鋼鋼材</td><td>SUP10</td><td>SUP6～9Aに比べてさらに靱性が高く、高応力、耐疲労性に優れます。
主として コイルばね及びトーションバーに使用されます。</td></tr>
<tr><td>マンガンクロムボロン鋼鋼材</td><td>SUP11A</td><td>焼入れ性を向上させるために、SUP9Aにボロン（ホウ素）処理を行ったものです。
主として ブルドーザーなど超大形の重ね板ばね、コイルばね及びトーションバーに使用されます。</td></tr>
<tr><td>シリコンクロム鋼鋼材</td><td>SUP12</td><td>高応力、耐へたり性に優れており、車体の軽量化を図る目的で自動車の懸架装置に使用されます。
主として コイルばねに使用されます。</td></tr>
<tr><td>クロムモリブデン鋼鋼材</td><td>SUP13</td><td>焼入れ性がSUP11Aより優れ、超大型の建設機械などに使用されます。
主として 超大型の重ね板ばね、コイルばね、トーションバーに使用されます。</td></tr>
</table>

2) 冷間成形ばねの材料

冷間成形ばねの代表的な材質は、「SW」や「SWP」、「SUSxxx-WP」などで表されるばね用の線材で、素材の直径が細いため常温のままでもコイル加工ができます。線径が0.025mm～12mmまで多くの種類があります。OA機器などのリンク機構などコンパクトで軽荷重なものから、近年では熱間加工のコストダウン目的として自動車のサスペンションなどの重荷重用にも使用されます。

冷間成形ばねの代表的な材料には、次のようなものがあります（**表6-3**）。

表6-3 冷間材料の代表的な記号と特徴

材料名	材質記号	特徴
硬鋼線	SW-B SW-C	表面状態に関する規定はなく、主として静荷重を受けるばねに使います。近年では、材料の入手性から、ピアノ線を使用することが多くなってきています。
ピアノ線	SWP-A SWP-B	腐食試験による傷の確認や顕微鏡による脱炭状態など表面状態を保証するため、硬鋼線より耐疲労性に優れます。
オイルテンパー線	SWO-V SWOC-V SWOSC-V SWOSM SWOSC-B	耐疲労性と耐へたり性に優れ、「-V」で表される種類は、弁ばね用と区別され、自動車エンジンのバルブスプリングとして利用されます。太い線径でも高い強度を持つことが特徴です。
ステンレス鋼線	SUS304-WPA SUS304-WPB SUS316-WPA	耐食性がよく、防錆油の塗布やめっきを必要としません。一般的にSUS304が用いられますが、SUS304-WPAは市場に流通していません。海水がかかる部品のように、より耐食性が要求される場合SUS316を使います。SUS304は素材の状態では非磁性ですが、冷間加工によって弱磁性になります。非磁性が必要な場合、SUS316を選択します。
黄銅線	C2600W-H	導電性や非磁性、耐食性が要求される場合に使用します。一般的に、りん青銅が用いられます。
洋白線	C7541W-H	
りん青銅線	C5191W-H	
ベリリウム銅線	C1720W-H	

φ(@°▽°@) メモメモ

ピアノ線（SWP-A、SWP-B）、硬鋼線（SW-B,SW-C）、ステンレス線（SUS304-WPA,SUS304-WPB）の標準寸法（径）[単位：mm]

0.08、0.09、0.10、0.12、0.14、0.16、0.18、0.20、0.23、0.26、0.29、0.32、0.35、0.40、0.45、0.50、0.55、0.60、0.65、0.70、0.80、0.90、1.0、1.2、1.4、1.6、1.8、2.0、2.3、2.6、2.9、3.2、3.5、4.0、4.5、5.0、5.5、6.0、6.5、7.0 など

設計目線で見る「最近の若い設計者がばねの強度計算をしない問題」

ばねを使用する際に荷重特性だけを確認して、強度と疲れ強さの計算をしない設計者が増え、ばねの折損などのクレーム増えていると聞きます。

いまどき電卓をたたいて計算しろとは言いません！

Web上で必要な情報（材質や線径、コイル径、巻き数など）を入力すれば、強度と疲れ強さの計算結果を表示してくれるメーカーのホームページもありますから、検索して確認してみましょう。

コイルばねの基本となる公式が、下記のばね定数から展開した公式です。材料素材の線径が4乗で影響することから、線径の選択がばね設計の重要な要素であることがわかると思います。

$$k = \frac{P}{\delta} = \frac{Gd^4}{8NaD^3}$$ （圧縮コイルばね、引張りコイルばねのコイル部の場合）

k：ばね定数　G：横弾性係数　d：線径　D：コイル平均径　Na：有効巻き数

$$K_{Td} = \frac{Ed^4}{3667DN}$$ （ねじりコイルばねの腕の長さを考慮しないコイル部の場合）

k_{Td}：ねじれ角1°あたりのばね定数　E：縦弾性係数　d：線径　D：平均コイル径　N：巻き数

ばねの計算式で使用する材料別の縦弾性係数Eと横弾性係数Gの値は、**表6-4**の通りです。

表6-4 ばね計算に使用する材質別 弾性係数の値

<table>
<tr><th>材料名</th><th>記号</th><th>横弾性係数　G [MPa]</th><th>縦弾性係数　E [MPa]</th></tr>
<tr><td>ばね鋼鋼材</td><td>SUP</td><td rowspan="4">7.85×10^4</td><td rowspan="4">206×10^3</td></tr>
<tr><td>硬鋼線</td><td>SW</td></tr>
<tr><td>ピアノ線</td><td>SWP</td></tr>
<tr><td>オイルテンパー線</td><td>SWO</td></tr>
<tr><td rowspan="2">ステンレス鋼線</td><td>SUSxxx</td><td>6.85×10^4</td><td>186×10^3</td></tr>
<tr><td>SUS631</td><td>7.35×10^4</td><td>196×10^3</td></tr>
<tr><td>黄銅線</td><td>C2xxxW</td><td rowspan="2">3.90×10^4</td><td>98×10^3</td></tr>
<tr><td>洋白線</td><td>C7xxxW</td><td>108×10^3</td></tr>
<tr><td>りん青銅線</td><td>C5xxxW</td><td>4.20×10^4</td><td>98×10^3</td></tr>
<tr><td>ベリリウム銅線</td><td>C1xxxW</td><td>4.40×10^4</td><td>127×10^3</td></tr>
</table>

横弾性係数Gは、圧縮コイルばね、引張りコイルばねのコイル部とフック部の計算で使用します。
縦弾性係数Eは、ねじりコイルばね、引張りコイルばねのフック部の計算で使用します。

冷間成形ばね材料の、代表的な線径における引張り強さの最小値を示します（**表6-5**）。

SW-BとSUS304-WPAは、市場流通性が悪いため、ほとんど使用されていません。

表6-5 冷間成形材料の引張り強さ(最小値)

単位:[MPa]

線径 d	(SW-B)	SW-C	SWP-A	SWP-B	(SUS304-WPA)	SUS304-WPB
0.08	2450	2970	2890	3190	1650	2150
0.09	2400	2750	2840	3140	1650	2150
0.1	2350	2700	2790	3090	1650	2150
0.2	2210	2500	2600	2840	1650	2150
0.32	2010	2300	2400	2650	1600	2050
0.4	1960	2260	2350	2600	1600	2050
0.5	1910	2210	2300	2550	1600	1950
0.6	1810	2100	2210	2450	1600	1950
0.7	1770	2060	2160	2400	1530	1850
0.8	1770	2010	2110	2350	1530	1850
0.9	1770	2010	2110	2300	1530	1850
1.0	1720	1960	2060	2260	1530	1850
1.2	1670	1910	2010	2210	1450	1750
1.4	1620	1860	1960	2160	1450	1750
1.6	1570	1810	1910	2110	1400	1650
1.8	1520	1770	1860	2060	1400	1650
2.0	1470	1720	1810	2010	1400	1650
2.3	1420	1670	1770	1960	1320	1550
2.6	1420	1670	1770	1960	1320	1550
2.9	1370	1620	1720	1910	1230	1450
3.2	1370	1570	1670	1860	1230	1450
3.5	1370	1570	1670	1810	1230	1450
4.0	1370	1570	1620	1810	1230	1450
4.5	1320	1520	1620	1770	1100	1350
5.0	1320	1520	1620	1770	1100	1350
5.5	1270	1470	1570	1710	1100	1350
6.0	1230	1420	1520	1670	1100	1350
6.5	1230	1420	1520	1670	1000	1270

線径が太くなるほど、
引張り強さは減るんだね！

そのほかの知識として限界温度が設定されていることも知っておきましょう（表6-6）。

表6 6 冷間成形材料の限界使用温度

材質	限界温度	材質	限界温度	材質	限界温度
硬鋼線	110℃	オイルテンパー線（SWOC）	210℃	合金工具鋼（SKD4）	400℃
ピアノ線	130℃	オイルテンパー線（SWOSC）	250℃	インコネルX-750	500℃
オイルテンパー線（SWO-V）	150℃	ステンレス線	290℃	インコネル718	600℃

※インコネル(Inconel®)材は、ニッケルベースの超合金で、高温に耐えることができ、耐食性が良く、非磁性の特性を持ちます。原子力装置などのばねとして利用されます。

設計目線で見る「明示されていないため、暗黙的に材料を使い分ける件」

SWP-AとSWP-Bの違いは引張り強さです。SWP-Bを選定すれば、許容応力が高くなり計算上は強度や耐久性が有利になります。

これらを使い分ける明確な基準は特にありませんが、SWP-Aは細工性が良く、SWPBは細工すると折れやすいという特徴があります。

この理屈から、動的な使用で特に動作回数の多い場合はSWP-A、動的な使用でも動作回数が少ない場合や静的荷重を要求する場合はSWP-B、と使い分けるとよいのではないでしょうか。

設計目線で見る「要求仕様を最初に確認してから材料を選ばないといけない件」

ばねを設計した後で仕様変更や防錆が必要なことに気がついてステンレス鋼線に変更しなければいけない場面があります。材料の弾性係数は、ばね鋼やピアノ線よりステンレス鋼線の方が小さいため、同じ荷重を発生させるばねを再設計すると、材料の許容応力が小さくなるため、ばねの形状が大きくなってしまいます。

このとき、周辺のスペースに余裕があればよいのですが、スペースギリギリで設計していると、ばねが入りきらず、周辺部品も再設計しなければいけない羽目になります。

まずは、防錆の必要性を確認して、どの材料を使うのかを決めてから設計を始めるよう心がけましょう。

φ(@°▽°@) メモメモ

冷間成形コイルばね材料のコスト

材料コストは、左から右に行くに従い高くなります。

硬鋼線 ⇒ ピアノ線 ⇒ オイルテンパー線 ⇒ ステンレス鋼線

2. 薄板ばねの材料

代表的な板ばねの材料は、ばね用ステンレス鋼帯やばね用リン青銅、特殊鋼（炭素鋼/炭素工具鋼）が使われます。薄板ばねの代表的な材質は、「SUS304CSP」や「C5210」などで表されるばね用の薄板材で、一般的に板厚2mm程度のものを言います。薄板材は形状設計の自由度が大きく、省スペースの中で荷重を与えたり、導電機能として接触させたりする場合にも使用されます。

ばね用ステンレス鋼帯は、材料記号に続けて、ばね材であることを示す記号（CSP）と調質記号（1/2Hや3/4Hなど）を明示しなければ、ばね材と判別できません。調質記号のHは焼入れ焼戻しを意味し、硬さとともに引張強さが変わります。強度計算に影響が出るので、どれを使うか指示する必要があります。

薄板ばねの代表的な種類には、次のようなものがあります（**表6-7**）。

表6-7 ばね用鋼帯材料の代表的な記号と特徴

材料名	材質記号	調質	引張り強さ[MPa]	特徴
ばね用 ステンレス鋼帯	SUS301CSP	H	1130以上	耐食性・耐腐食性・対磁性が良い
		3/4H	930以上	
		1/2H	780以上	
	SUS304CSP	H	1320以上	耐食性・耐腐食性・が良い
		3/4H	1130以上	
		1/2H	930以上	
ばね用 りん青銅	C5210	H	590以上	ばね性を要する接点・端子・板ばねに用いられる
		1/2H	470～610	

設計目線で見る「ばね材に対して、うかつにめっきをしてはいけない問題」

市場に出ている製品の中には、鋼材のコイルばねや板ばねに防錆目的として亜鉛めっきを施したものがありますが、ばね材にめっき処理する場合、水素脆性が生じるため好ましくありません。

防錆を目的とするのであれば、ステンレス材を使うことを推奨いたしますが、コストや要求仕様を満足するために鋼材を選択しなければいけない場合もあります。

例えば、室内で使うような事務機器製品では、図面に「防錆油塗布のこと」で対応できると思います。また自動車のサスペンションに使うように、外気に暴露して使用する過酷な条件の場合は、「カチオン塗装」などが用いられます。

どうしても亜鉛めっきをする場合には、図面に注記として「水素脆性除去（ベーキング）処理を行うこと」のように指示しなければいけません。

φ(@°▽°@) メモメモ

水素脆性（すいそぜいせい）とは

高強度に熱処理されたばねやねじなどに防食の目的でめっきなどを行う場合、前処理である酸洗いや、電気めっきの陰極効果で発生する水素の影響で脆くなる現象を言います。

設計目線で見る「図面上で圧延方向を指示しないといけない問題」

薄板ばねだけに限らず、比較的厚めのアルミニウムの板材では、曲げた際に材料に割れが生じる場合があり、それを軽減するために図面に「圧延方向」を記入しなければいけません。

圧延方向は目視での確認が難しいため、加工業者で板取を考える際に向きを調整します。

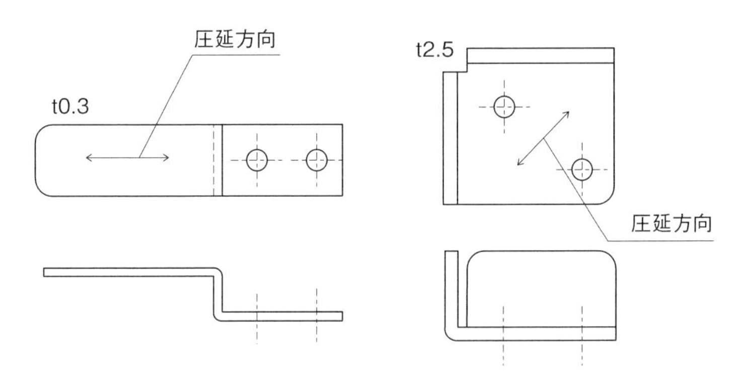

図6-2 圧延方向の指示

設計目線で見る「レーザ加工によって焼きが入ってしまう問題」

薄板ばね材をレーザ加工で形取りする場合、溶断部に硬化した“ドロス”が付着し、設計荷重より大きな荷重が発生してしまい設計上の要求機能を果たさない可能性があります。

レーザ加工する可能性が排除できない場合、図面の注記として「レーザ加工の場合は、ドロス除去のこと（バレル加工可）」などと指示しなければいけません。

φ(@°▽°@) メモメモ

薄板をねじ固定する際の注意点

板厚が0.3～0.5mm 程度の薄板を小ねじで固定する場合、不完全ねじ部によって板ばねがしっかりと固定できない場合があります。このような薄板をねじ固定する場合は追加部品としてスペーサを準備するか、平ワッシャーを追加して組むよう指示するとよいでしょう。

歯車用材料

歯車の材料

歯車の材料は、特に専用の材料はなく、一般的な鋼や鋳鉄、アルミニウム、銅合金、薄板板金、樹脂など設計機能を満足できるものであればどれを選んでも構わない。

1．歯車の材料

歯車の代表的な材料には、次のようなものがあります（表6-8）。

表6-8 歯車に使用される代表的な材料記号と特徴

材料名	材質記号	特徴
機械構造用炭素鋼	S43C S45C S48C	生材のままで使用することも、焼入れ焼戻し（高周波焼入れ含む）処理をして使用することも可能。
クロムモリブデン鋼	SCM435 SCM440	高価な合金鋼であるため、生材のままで使用することはなく、必ず焼入れ焼戻し（高周波焼入れ含む）処理をして使用する。
機械構造用炭素鋼 クロム鋼 クロムモリブデン鋼	S20C S25C SCr420 SCM415 SCM420	含有する炭素量が少ないため、硬化するには浸炭焼入れ処理をして使用する。
ステンレス鋼	SUS303 SUS304 SUS440C	防錆目的に適す。
鋳鉄	FC250 FCD600	切削加工するには難しい大型の歯車に適す。鋳造によって製作。低騒音化に寄与する。
冷間圧延鋼	SPCC	硬化するには窒化（軟窒化含む）処理をして使用する。切削加工以外にプレス打ち抜きやワイヤーカットで加工ができる。
アルミニウム合金板	A5052P	防錆・軽量化などを目的に使用する。
アルミニウム青銅鋳物 青銅鋳物	CAC702 CAC406C	摺動性に優れ、ウォームホイールのように大きなすべりを生じ耐摩耗性を要求する歯車に適す。
プラスチック	MCナイロン ポリアセタール	エンジニアリングプラスチックと呼ばれ、ポリアセタールでは「ジュラコン®」が有名。 軽量化と静音化を目的とする場合が多く、無潤滑で使用可能。軽荷重低回転の小型歯車に用いられ、切削加工もできるが量産効果を得るために射出成形が一般的である。

※ジュラコンは、Polyplastics社の商品名

設計目線で見る「噛み合う歯車の材料を違えてみる件」

歯車の不具合に歯面の摩耗があります。金属の摩耗を防ぐには熱処理で表面を硬くすればよいのですが、互いに熱処理をしても互いに硬いもの同士が擦れあうと、いずれ弱い方が摩耗してしまいます。

そこで逆転の発想で、噛み合う歯車の材料を変えてみることができます。

例1）滑り伝動であるウォームギヤ→摩耗対策として
　　ウォーム（鋼）×ウォームホイール（青銅またはプラスチック）

例2）平歯車やかさ歯車など→放熱対策として
　　入力側（鋼）×出力側（プラスチック）

2. 歯車の熱処理

歯車の熱処理には次のようなものが用いられます。

焼入れや浸炭処理では、深部まで焼きが入ると歯が折損しやすくなるため、歯面から1mm程度のみ焼きが入るようにします（図6-3）。

1）焼入れ焼戻し（高周波焼入れ含む）

調質材　⇒　焼入れ　⇒　焼戻し

・歯面強度が4倍向上するが、
　ピッチ誤差など精度等級が1等級悪くなる

図6-3 歯面の焼入れ

2）浸炭焼入れ

浸炭　⇒　焼入れ　⇒　洗浄　⇒　焼戻し　⇒　ショット

・浸炭により炭素含有量が増えることで、焼入れによって表面が硬化する
・一般的に炭酸ガスを用いたガス浸炭が行われる
　（表面硬度55〜60HRC、硬化深さ1mm程度）
・表面は硬く、中心部に向かうほど柔らかい部分が残り、靭性に富む

設計目線で見る「焼き入れ硬度をいくらにするか問題」

歯車だけに限らず熱処理を指示する場合、「どの程度まで硬度を上げることができるのか？」あるいは「最適な硬度はどのくらいか？」と悩むことが多いと思います。

焼入れ硬度は、第4章の図4-7から含有炭素量によって目安がわかります。最終的には、歯車メーカーのカタログなどに材料ごとの熱処理方法や硬度、硬化層などの技術情報が記載されていますので、参考にするとよいでしょう。

3. 歯車のめっき

歯車のめっきには次のようなものが用いられます（表6-9）。

表6-9 歯車に使用される代表的なめっきの種類と特徴

めっきの種類	めっきの厚み（μm）	特徴
電気亜鉛めっき	2〜25	・三価クロメート:銀色から黄色みがかった色までばらつきあり。 ・三価黒クロメート:深みのある黒色で、耐熱・耐食性に優れる。 ※軸を通す穴は、めっき厚が均一にならないため通りが悪くなる可能性がある。
無電解ニッケルめっき	3〜10	・耐食性や耐摩耗性を向上させる。 ・複雑な形状や寸法精度が厳しいものに適す。
黒染め	3以下	・防錆を目的とした表面処理で、四三酸化鉄の皮膜。 ・表面に黒錆の皮膜を発生させる事で錆の発生を防ぐ簡易的な防錆処理。 ・寸法精度を維持することができる。
「レイデント®」処理※	1〜2	・防錆効果が大きく、耐摩耗性を向上させる。 （RoHS対応の場合、残留六価クロムの除去処理を指示すること。）

※レイデント処理は、RAYDENT社の商品名

設計目線で見る「最近の若い設計者が歯車の強度計算をしない問題」

ばねと同様に、歯車を使用する際に形状特性（大きさと歯数など）だけを確認して、歯の曲げ強さと歯面強さの両方を計算しない設計者が増え、歯の折損や歯面の荒れなどのクレーム増えていると聞きます。

ばねと同様に、いまどき電卓をたたいて計算しろとは言いません！

標準的な歯車を提供している小原歯車などのホームページでは、Web上で必要な情報（材質やモジュール、歯数、歯の厚みなど）を入力すれば、歯の曲げ強さと歯面強さの計算結果を表示してくれますので、大いに活用しましょう。

MEMO

3Dプリンタ用材料

3Dプリンタ用材料

立体物を迅速に造形することができるため、試作や個別生産などで威力を発揮する。量産に用いるには、コストや、生産能力、材料の信頼性などに注意する必要がある。

1．3Dプリンタとは

3Dプリンタは、立体物を造形できるプリンタです。3DCADなどの三次元データをもとに、金型を使わず、材料を積層することで立体物を造形していきます。自由な形状ができる、材料ロスが少ない、造形工程は人のスキルに依存しない、金型を必要としないという特徴があります（図6-4）。

☑ 自由な形状を造形できる	☑ 材料ロスが少ない
☑ 人のスキルに依存しない（設計スキルは重要）	☑ 金型や原版を必要としないため試作をしやすい

図6-4 3Dプリンタの特徴

2．3Dプリンタ技術 〔またはAM（Additive Manufacturing：付加製造）技術とも言う〕

造形方式としては、熱で溶かした樹脂を積み重ねていったり、液体樹脂を紫外線で硬化させたり、粉末材料に接着剤（バインダー）を吹き付けて固めたりと、さまざまな方式があります。

1）材料押出法（FDM）

材料押出法（FDM：Fused Deposition Modeling）は熱溶解積層法とも言い、線材（フィラメント）を押し出して、積み上げて造形する方法です（図6-5）。熱可塑性プラスチック（ABS、PLA、PEI）などを用います。積層の段差が生じますが、剛性の高い造形物が得られ、大型化も容易です。

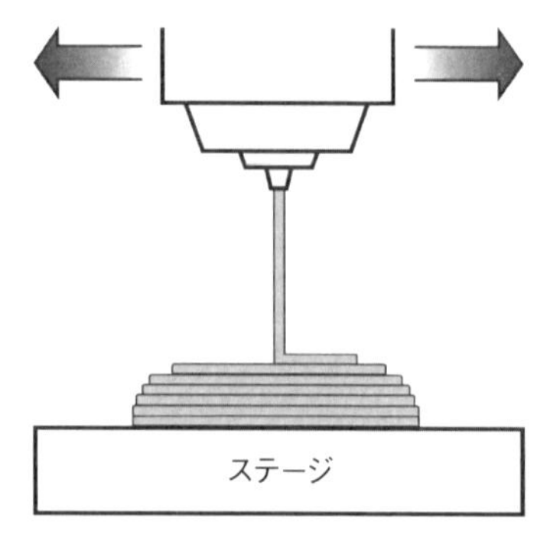

図6-5 材料押出法(FDM)

2）レーザ焼結法（SLS）、粉末床溶融結合法（パウダーベッド法）

レーザ焼結法（SLS：Selective Laser Sintering）は、粉末材料をレーザ照射して1層ずつ積層させます（**図6-6**）。ナイロン、金属、セラミックスなどを造形可能です。材料を完全に溶かすSLM（Selective Laser Melting）もあります。高強度、高精度の造形が可能で、模型などに利用されます。

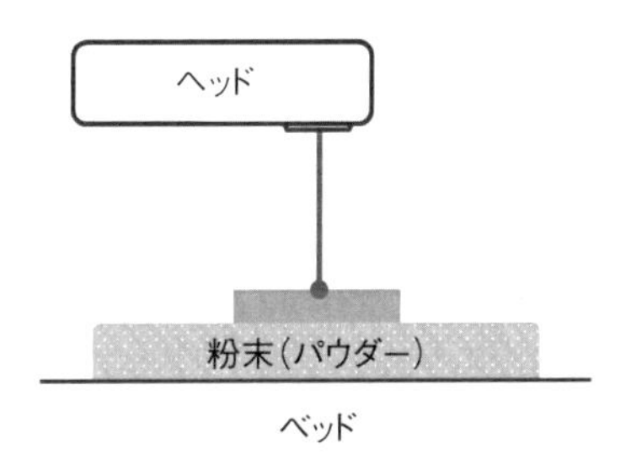

図6-6 レーザ焼結法（SLS）

3）インクジェット法（材料噴射法）

液体の材料（エポキシやアクリルなどの感光性樹脂や、ワックスなど）を吹き付け、紫外線や熱で硬化させて積層させます（**図6-7**）。外観や着色性に優れ、模型などに利用されます。類似の方法に、敷き詰めた粉体材料（樹脂、金属等）に液体の結合剤を噴射して硬化するバインダジェット法や、金属粉末を噴射してレーザ照射するレーザ積層法（LMD：Laser Metal Deposition）もあります。

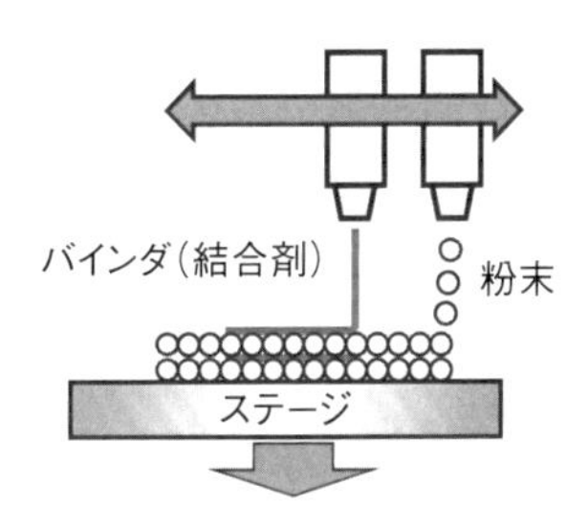

図6-7 材料噴射法（バインダジェット法の例）

4）光造形法（液相光重合法）

槽に満たされた液体材料にレーザ光などを照射して1層ずつ固めていく方式です。主材料は光硬化性樹脂（エポキシ系、アクリル系など）です。造形物は経年劣化に弱いですが、造形物の連続性、滑らかさ、精度に優れ、マスター金型造形などに利用されます。

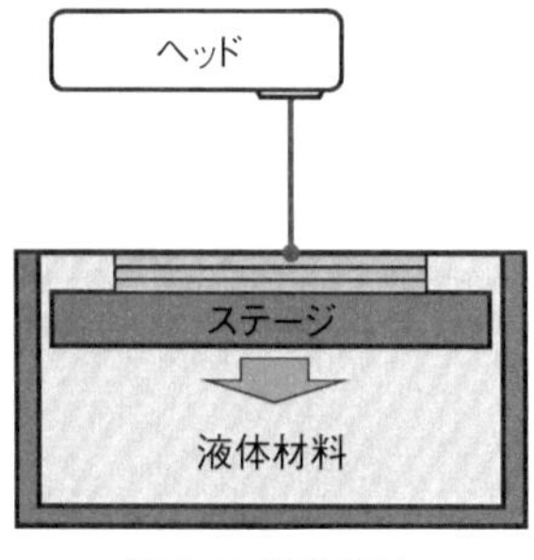

図6-8 光造形法

設計目線で見る「3Dプリンタ導入コストを理解しておくべき件」

3Dプリンタの活用メリットは、金型が不要でスピーディに試作品やモックアップができることや、オンデマンドの生産も可能なことなどがあります。設計者にとっては魅力の多い3Dプリンタですが、装置を導入する場合には様々なコストがかかることを理解しておく必要があります。

① 本体

3Dプリンタは様々な方式があり、各方式においても、家庭用から試作用、量産用と、様々なグレードが存在します。家庭用のものは数万円から、金属造形用の大型のものになると1億円程度まで、価格には大きな幅があります。造形方式や、加工精度、使用できる材料の種類など、様々な条件を考慮すると、高額な機種を選定する必要が出てくる場合もあります。

② 付帯設備、保守費用

3Dプリンタの方式にもよりますが、本体以外の設備が必要になるケースも多くあります。例えばバインダジェット方式の金属3Dプリンタでは、含浸処理、焼結処理、脱脂処理などの装置も必要になる場合があります。クリーンルーム設備や、集塵機などの設置が必要になる場合もあります。導入コストに加えて、本体のレーザの年次保守費用や、電気代などの維持管理コストも大きくなります。

③ ソフトウェア

3Dプリンタ加工を行うためのデータ処理のソフトウェアは、専用のデータ変換ソフトや、サポート材の設計ソフト、熱解析ソフト、装置の監視ソフトなど、様々にあります。一般に高価な機種ほどソフトウェア関連のコストも高額となり、ソフトウェア代で年間数百万円という場合もあります。

3. 3Dプリンタで用いられるプラスチック材料

3Dプリンタで使用される材料は、熱可塑性プラスチックと、光・熱硬化プラスチックに大別されます。前者はFDMやSLS、後者はインクジェット法や光造形法で造形されます（**表6-10**、**表6-11**）。木質や炭素繊維などの補助材を混ぜ込んだ複合材料もあります。

表6-10 FDM、SLSで用いられる主な熱可塑性プラスチック材料

分類	材料種	特徴	用途
汎用プラスチック	ABS （アクリロニトリル・ブタジエン・スチレン）	・適度な強度、靭性がある ・耐久性、耐熱性がある ・後加工しやすい ・高温での変形や冷却収縮が大きい ・炭素や木材の複合材料もある	・電化製品の外装 ・自動車部品 ・各種治具 ・屋外使用
	PLA （ポリ乳酸）	・植物由来の樹脂 ・熱変形が小さく寸法精度が高い ・ABSに比べて耐久性、耐熱性が低い ・弾性がなく固いため後加工しにくい ・炭素や木材の複合材料もある	・試作品の造形 ・大型物 ・容器
	ASA （アクリロニトリル・スチレン・アクリレート）	・基本的な特性はABSに似ている ・ABSに比して耐候性が改善	・機械部品 ・自動車部品 ・屋外使用
	PVC （ポリ塩化ビニル）	・耐久性、耐候性、耐溶剤性が良い ・シート積層法	・パイプ、継ぎ手 ・ABS代替用途
	PP （ポリプロピレン）	・柔軟で、強度が高い ・折り曲げへの耐性が高い ・耐薬性が高い	・各種容器 ・保護部材
エンジニアリングプラスチック	PA6 （ナイロン6）	・強度が高い ・他のナイロンより耐熱性が高い ・炭素粉末配合で剛性・耐衝撃性向上	・自動車部品
	PA12 （ナイロン12）	・強度・靭性がある ・耐摩耗性に優れる ・柔軟性がある	・機械部品 ・ばね機構
	PET （ポリエチレンテレフタレート）	・透明性がある ・極めて高い耐熱性（180℃）。 ・油、ガソリン、化学薬品、酸に耐性 ・紫外線で劣化する	・自動車部品 ・精密機械
	PC （ポリカーボネート）	・強度、耐久性がある ・透明性が高い ・耐衝撃性が非常に高い（ABSの5倍）	・自動車部品 ・精密機械 ・光学レンズ
	PPSU （ポリフェニレンルスルホン）	・透明性がある ・極めて高い耐熱性（180℃）。 ・油、ガソリン、化学薬品、酸に耐性 ・紫外線で劣化する	・試作品（極度条件用） ・製造用補助資材
	PEI （ウルテム）	・耐熱性、高強度、剛性がある ・幅広い耐薬品性	航空機

表6-11 インクジェット法、光造形法で用いられるプラスチック材料

材料種	特徴	用途（注意点）
光硬化性樹脂	・アクリルや、ウレタンなど、 ・紫外線などに反応して硬化する液状材料 ・高精度モデル用、高靭性タイプなどがある	・試作品 ・樹脂金型
ABSライク樹脂	・靭性、耐熱性が高い ・ABS樹脂に性質が近い	・ABS等の試作
PPライク樹脂	・PP（ポリプロピレン）の質感と強度に近い	・PP素材の試作
フィラー強化樹脂	・ガラスビーズやシリカ粒子などで強化 ・高強度・高耐熱性	・風洞実験用モデルなど特殊分野
ワックス	・高熱をかけると容易に融解する材料	ロストワックス鋳造法の消失モデル
ゴムライク樹脂	・ゴムの性質を持った材料 ・様々な硬度のグレードがある	・医療用モデル ・シリコンカバー ・柔らかい試作品

光造形法で製作したミニチュア版の鋳物部品と成型直後のサポート（形状が崩れないための支え）が付いたままの状態のものを示します（**図6-9**）。

図6-9 光造形法で製作したミニチュア版の鋳物部品とサポートが付いた状態の例

3D プリンタは試作用途や形状確認目的が多いんですかね！？

試作品やショット数の少ない部品の簡易金型で利用されることが多いね。
量産には、コスト、大量生産性、材料の長期信頼性が求められるから、これからどこまで要求に近づけることができるか期待される技術なんだよ。

・金属やセラミックスの3Dプリンタ

金属材料やセラミックス材料の3Dプリンタ造形は、従来の加工ではできない特殊な形状や、中空形状などを作ることができるメリットがあります。金属の3Dプリンタ技術は、AM（アディティブ・マニュファクチャリング＝付加製造）と呼ばれることが多くあります。

レーザ焼結法（SLS）、レーザ溶融法（SLM）、インクジェット法などで、粉末状の材料を用いて造形します。

3Dプリンタで様々な金属材料やセラミックス材料を造形することが可能です（**表6-12**）。近年になって、造形できる材料種が広がっています。通常の材料と同等の機械的強度や信頼性を実現している材料種も多くあります。一方、コストは高く、従来の材料では対応しにくい形状など、活用のメリットがある用途での活用に限られている状況にあります。

今後、生産性が向上し、普及が進むことで、用途が拡大していくことが期待されます。

表6-12 3Dプリンタ造形が可能な金属やセラミックス材料の例

材料種	詳細	用途
ステンレス鋼	・SUS316L（オーステナイト系ステンレス鋼） ・SUS630（析出硬化系ステンレス鋼） ・他の鋼種も開発が進む	・航空部品 ・機械部品 ・工具、金型
アルミニウム合金	・軽く、強度があり、加工性が良い ・シリコン含有型の材料が主流	・機械部品 ・ブレーキ部品 ・熱交換器
銅、銅合金	・純銅：タフピッチ銅（純度99.9%） ・銅合金（クロム、ジルコニウム添加）：高強度	・エンジン部品 ・コイル ・ヒートシンク
チタン合金	・Ti64（Ti-6Al-4V）など ・高強度、軽量、高耐食性、高耐熱（800℃）	・航空部品 ・自動車部品 ・精密機器
ニッケル合金	・優れた高温強度と耐食性を持つ ・溶接性のよいグレードもある	・航空エンジン ・ガスタービン
コバルトクロム合金	・硬く、疲労強度が高く、耐摩耗性が高い ・高い耐熱性、耐圧力性 ・生体適合性が高い	・ガスタービン ・航空エンジン ・義歯、人工関節
セラミックス材料	・高温環境で使用可能 ・耐薬性や絶縁性も高い ・アルミナ、シリカ、ジルコニアなど各材質 ・混合組成、樹脂や金属による複合化も可能	・加熱炉の炉床材 ・機構部品 ・半導体製造用部品

設計目線で見る「3Dプリンタの使いどころはわかっておきたい件」

昨今は、製品のニーズが多様化して、次々と新しい製品が世に出るようになっています。そのため、新しい製品の設計にかかる時間を短くすることが求められるようになってきました。

一方、製品に求められる機能も複雑化・高度化していますので、設計の負荷は大きくなっています。

ここで活躍するのが３Ｄプリンタです。金型を作らず、スピーディに試作品を作ることができます。図面上でわかりにくいことをチェックしたり、強度を確認したりするなどが可能です。デザインを確認するモックアップも現物に近いものをすばやくつくることができます。

今後、3Dプリンタの活用が今後ますます普及していくと考えられます。3Dプリンタで扱える材料も増えていますし、生産性の高い３Ｄプリンタの開発も進んでいくと思われます。機械設計において、３Ｄプリンタを使いこなすことは、今後必須のスキルになっていくでしょう。

MEMO

機械設計者が機械材料知識を学ぶメリット

機械材料は、本書の中でも紹介しているように、膨大な種類が存在しています。材料メーカーごとに、独自の材料分類や物性情報を提示していることも多く、各材料を横並びにして比較することは意外と難しいものです。材料の販売者はその機械設計自体に関わっているわけではないので、販売者の提案が必ずしも最適であるとは限りません。

JIS規格で体系化された材料の化学成分や熱処理条件、機械的性質などをベースとした、材料選定の軸を設計者自身が持っておくことが有効です。

それによって機械設計者自身の基準で材料を選定することができ、全体最適の機械設計が可能になります。また、材料販売者からも新しい提案や知見を引き出すことが可能になります。そのような知識のベースとして、本書を活用していただければ幸いです。

〈 付録A　機械材料でよく使う物理量と単位 〉

物理量、物性	記号	単位	備考
長さ	L	m	
質量	m	kg	
時間	t	s(秒)	
電流	I	A(アンペア)	
熱力学温度	T	K(ケルビン)	0℃=273K
物質量	N	mol(モル)	
光度	I	cd(カンデラ)	
力	F	N(ニュートン)	
力のモーメント、曲げモーメント	M	N・m	
トルク、偶力のモーメント	T	N・m	
圧力	P	Pa(パスカル)	$=N/m^2$
引張応力、圧縮応力	σ(シグマ)	Pa(パスカル)	$=N/m^2$
せん断応力	τ(タウ)	Pa(パスカル)	$=N/m^2$
垂直ひずみ、伸び率	ε(イプシロン)		
せん断ひずみ	γ(ガンマ)		
縦弾性係数、ヤング率	E	Pa(パスカル)	$=N/m^2$
横弾性係数、剛性率	G	Pa(パスカル)	$=N/m^2$
ポアソン比	ν(ニュー)		
断面二次モーメント	Ia	cm^4	mm^4も用いる
断面係数	Z、W	m^3	
摩擦係数	μ、f		
仕事	A、W	J(ジュール)	=W・s
エネルギー	E、W	W(ワット)	
密度	ρ(ロー)	g/cm^3	
比重	d		水の密度との比
熱伝導率	λ(ラムダ)	W/(m・K)	
比熱	c	J/(kg・K)	
電気抵抗率	ρ(ロー)	Ω・m	Ω・cmも用いる
絶縁破壊強さ		V/m	米国はV/mil (mil:1/1000inch)
線膨張率、線膨張係数	α	1/K	
体積膨張率、体積膨張係数	β、γ	1/K	
シャルピー衝撃値		J/m^2	
アイゾット衝撃値		J/m	

〈 付録B　機械材料関連の主要なJIS規格一覧 〉

分類	JIS番号	規格名称（一部略記）
物理量	JIS Z 8000	量及び単位
材料試験	JIS Z 2241	金属材料引張試験方法
	JIS Z 2248	金属材料曲げ試験方法
	JIS Z 2243	ブリネル硬さ試験
	JIS Z 2244	ビッカース硬さ試験
	JIS Z 2245	ロックウェル硬さ試験
	JIS Z 2246	ショア硬さ試験
	JIS Z 2242	金属材料のシャルピー衝撃試験方法
	JIS Z 2271	金属材料のクリープ及びクリープ破断試験方法
	JIS Z 2285	金属材料の線膨張係数の測定方法
	JIS C 2110	固体電気絶縁材料ー絶縁破壊の強さの試験方法
鉄鋼材料	JIS G 0202	鉄鋼用語（試験）
	JIS G 3101	一般構造用圧延鋼材
	JIS G 3103	ボイラ及び圧力容器用炭素鋼及びモリブデン鋼鋼板
	JIS G 3106	溶接構造用圧延鋼材
	JIS G 3108	みがき棒鋼用一般鋼材
	JIS G 3112	鉄筋コンクリート用棒鋼
	JIS G 3131	熱間圧延軟鋼板及び鋼帯
	JIS G 3136	建築構造用圧延鋼材
	JIS G 3138	建築構造用圧延棒鋼
	JIS G 3141	冷間圧延鋼板及び鋼帯
	JIS G 3191	熱間圧延棒鋼及びバーインコイルの形状,寸法,質量及びその許容差
	JIS G 3192	熱間圧延形鋼の形状,寸法,質量及びその許容差
	JIS G 3193	熱間圧延鋼板及び鋼帯の形状,寸法,質量及びその許容差
	JIS G 3194	熱間圧延平鋼の形状,寸法,質量及びその許容差
	JIS G 3199	鋼板,平鋼及び形鋼の厚さ方向特性
	JIS G 3201	炭素鋼鍛鋼品
	JIS G 3311	みがき特殊帯鋼
	JIS G 3313	電気亜鉛めっき鋼板及び鋼帯
	JIS G 3441	機械構造用合金鋼鋼管
	JIS G 3444	一般構造用炭素鋼鋼管
	JIS G 3445	機械構造用炭素鋼鋼管
	JIS G 3452	配管用炭素鋼鋼管
	JIS G 3454	圧力配管用炭素鋼鋼管
	JIS G 3455	高圧配管用炭素鋼鋼管

分類	JIS番号	規格名称（一部略記）
鉄鋼材料	JIS G 3459	配管用ステンレス鋼鋼管
	JIS G 3502	ピアノ線材
	JIS G 3505	軟鋼線材
	JIS G 3506	硬鋼線材
	JIS G 3507	冷間圧造用炭素鋼
	JIS G 3521	硬鋼線
	JIS G 3522	ピアノ線
	JIS G 4051	機械構造用炭素鋼鋼材
	JIS G 4053	機械構造用合金鋼鋼材
	JIS G 4107	高温用合金鋼ボルト材
	JIS G 4108	特殊用途合金鋼ボルト用棒鋼
	JIS G 4303	ステンレス鋼棒
	JIS G 4304	熱間圧延ステンレス鋼板及び鋼帯
	JIS G 4305	冷間圧延ステンレス鋼板及び鋼帯
	JIS G 4308	ステンレス鋼線材
	JIS G 4309	ステンレス鋼線
	JIS G 4311	耐熱鋼棒及び線材
	JIS G 4312	耐熱鋼板及び鋼帯
	JIS G 4401	炭素工具鋼鋼材
	JIS G 4403	高速度工具鋼鋼材
	JIS G 4404	合金工具鋼鋼材
	JIS G 4801	ばね鋼鋼材
	JIS G 4802	ばね用冷間圧延鋼帯
	JIS G 4804	硫黄及び硫黄複合快削鋼鋼材
	JIS G 4805	高炭素クロム軸受鋼鋼材
	JIS G 5101	炭素鋼鋳鋼品
	JIS G 5102	溶接構造用鋳鋼品
	JIS G 5111	構造用高張力炭素鋼及び低合金鋼鋳鋼品
	JIS G 5121	ステンレス鋼鋳鋼品
	JIS G 5122	耐熱鋼及び耐熱合金鋳造品
	JIS G 5501	ねずみ鋳鉄品
	JIS G 5502	球状黒鉛鋳鉄品
	JIS G 5503	オーステンパ球状黒鉛鋳鉄品
	JIS G 5505	CV黒鉛鋳鉄品
	JIS G 5526	ダクタイル鋳鉄管

〈 付録B　機械材料関連の主要なJIS規格一覧 〉

分類	JIS番号	規格名称(一部略記)
鉄鋼材料	JIS G 5705	可鍛鋳鉄品
非鉄金属材料	JIS H 4000	アルミニウム及びアルミニウム合金の板及び条
	JIS H 4040	アルミニウム及びアルミニウム合金の棒及び線
	JIS H 4140	アルミニウム及びアルミニウム合金鍛造品
	JIS H 5202	アルミニウム合金鋳物
	JIS H 5302	アルミニウム合金ダイカスト
	JIS H 0001	アルミニウム,マグネシウム及びそれらの合金ー質別記号
	JIS H 3100	銅及び銅合金の板及び条
	JIS H 3110	りん青銅及び洋白の板及び条
	JIS H 3260	銅及び銅合金の線
	JIS H 5120	銅及び銅合金鋳物
	JIS H 4201	マグネシウム合金板及び条
	JIS H 5203	マグネシウム合金鋳物
	JIS H 4600	チタン及びチタン合金ー板及び条
	JIS H 5801	チタン及びチタン合金鋳物
	JIS G 4902	耐食耐熱超合金,ニッケル及びニッケル合金ー板及び帯
	JIS H 5301	亜鉛合金ダイカスト
プラスチック材料	JIS K 6899	プラスチックー記号及び略語
	JIS K 6900	プラスチックー用語
	JIS K 7161	プラスチックー引張特性の求め方
	JIS K 7181	プラスチックー圧縮特性の求め方
	JIS K 7171	プラスチックー曲げ特性の求め方
	JIS K 7115	プラスチックークリープ特性の試験方法
	JIS K 7110	プラスチックーアイゾット衝撃強さの試験方法
	JIS K 7111	プラスチックーシャルピー衝撃特性の求め方
	JIS K 7121	プラスチックの転移温度測定方法
	JIS K 7197	プラスチックの熱機械分析による線膨張率試験方法
	JIS K 7202-2	プラスチック-硬さの求め方ー第2部:ロックウェル硬さ
	JIS K 7215	プラスチックのデュロメータ硬さ試験方法
	JIS K 7060	ガラス繊維強化プラスチックのバーコル硬さ試験方法
	JIS K 6922	プラスチックーポリエチレン(PE) 成形用及び押出用材料
	JIS K 6921	プラスチックーポリプロピレン(PP) 成形用及び押出用材料
	JIS K 6923	プラスチックーポリスチレン(PS) 成形用及び押出用材料
	JIS K 6740	プラスチックー無可塑ポリ塩化ビニル(PVC-U) 成形用及び押出用材料

分類	JIS番号	規格名称（ 部略記）
プラスチック材料	JIS K 6934	プラスチック－アクリロニトリル－ブタジエン－スチレン(ABS)成形用及び押出用材料
	JIS K 6717	プラスチック－ポリメタクリル酸メチル（PMMA）成形用及び押出用材料
	JIS K 6920	プラスチック－ポリアミド(PA) 成形用及び押出用材料
	JIS K 7364	プラスチック－ポリオキシメチレン（POM）成形用及び押出用材料
	JIS K 6937	プラスチック－熱可塑性ポリエステル(TP) 成形用及び押出用材料
	JIS K 6719	プラスチック－ポリカーボネート（PC）成形用材料及び押出用材料
	JIS K 7313	プラスチック－ポリフェニレンエーテル（PPE）成形用及び押出用材料
	JIS K 6935	プラスチック－ふっ素ポリマーのディスパージョン,成形用及び押出用材料
	JIS K 6915	フェノール樹脂成形材料
	JIS K 6919	繊維強化プラスチック用液状不飽和ポリエステル樹脂
	JIS K 7010	繊維強化プラスチック用語
	JIS K 6916	ユリア樹脂成形材料
	JIS K 6917	メラミン樹脂成形材料
	JIS A 6024	建築補修用及び建築補強用エポキシ樹脂
	JIS K 6397	原料ゴム及びラテックスの略号
セラミックス材料	JIS R 1600	ファインセラミックス関連用語
	JIS R 1606	ファインセラミックスの室温及び高温引張強さ試験方法
	JIS R 1608	ファインセラミックスの圧縮強さ試験方法
	JIS R 1648	ファインセラミックスの熱衝撃試験方法
	JIS R 1618	ファインセラミックスの熱機械分析による熱膨張の測定方法
熱処理	JIS B 0122	加工方法記号
	JIS B 6915	鉄鋼の窒化及び軟窒化加工
	JIS B 6914	鉄鋼の浸炭及び浸炭窒化焼入焼戻し加工
	JIS G 0557	鋼の浸炭硬化層深さ測定方法
めっき、表面処理	JIS Z 2290	金属材料の高温腐食試験方法通則
	JIS Z 0103	防せい防食用語
	JIS H 0404	電気めっきの記号による表示方法
	JIS H 8646	無電解銅めっき
	JIS H 8610	電気亜鉛めっき
	JIS H 8625	電気亜鉛めっき及び電気カドミウムめっき上のクロメート皮膜

〈 付録B　機械材料関連の主要なJIS規格一覧 〉

分類	JIS番号	規格名称（一部略記）
めっき、表面処理	JIS H 8645	無電解ニッケル－りんめっき
	JIS H 8601	アルミニウム及びアルミニウム合金の陽極酸化皮膜
	JIS H 0201	アルミニウム表面処理用語
	JIS K 3151	塗装下地用りん酸塩化成処理剤

●参考文献

1）福﨑昌宏（著）『金属材料の疲労破壊・腐食の原因と対策　原理と事例を知って不具合を未然に防ぐ―』、日刊工業新聞社、2021
2）田口宏之（著）『図解！わかりやすーい強度設計実務入門　基礎から学べる機械設計の材料強度と強度計算』、日刊工業新聞社、2020
3）萩原芳彦（監修）『改訂2版　ハンディブック機械』、オーム社、2007
4）日本分析化学会（編）、千葉光一、沖野晃俊、宮原秀一、大橋和夫、成川知弘、藤森英治、野呂純二（著）『分析化学実技シリーズ　機器分析編4　ICP発光分析』、共立出版、2013
5）知恵賢二郎「金属材料等における元素分析（ガス分析）方法」、『IIC REVIEW』、No.41、p.31-36、2009
6）材料技術教育研究会（編）『改訂版　金属組織の現出と試料作製の基本』、大河出版、2016
7）日本表面科学会（編）『ナノテクノロジーのための走査電子顕微鏡』、丸善、2004
8）B. D. カリティ（著）、松村源太郎（訳）『新版　X線回折要論』、アグネ承風社、1980
9）鈴木清一「EBSD法の基礎原理と材料組織解析への応用」、『エレクトロニクス実装学会誌』、Vol.13、No.6、pp.469-474、2010
10）山口克彦、沖本邦郎（編著）『材料加工プロセス-ものづくりの基礎-』、協立出版、2000
11）矢島悦次郎、市川理衛、古沢浩一、宮﨑亨、小坂井孝生、西野洋一（著）『第2版　若い技術者のための機械・金属材料』、丸善、2002
12）横山明宜（著）『元素から見た鉄鋼材料と切削の基礎知識』、日刊工業新聞社、2012
13）日本金属学会（編）『改訂4版　金属データブック』、丸善、2004
14）旭化成アミダス、「プラスチックス」編集部（共編）『プラスチック・データブック』、工業調査会、1999
15）日本塑性加工学会（編）『プラスチックの加工技術』、コロナ社、2016
16）（社）日本セラミックス協会（編）『今日からモノ知りシリーズ　トコトンやさしいセラミックスの本』、日刊工業新聞社、2009
17）山村博、米屋勝利（監修）『セラミックスの事典』、朝倉書店、2009年
18）常深信彦（著）『しくみ図解シリーズ　複合材料が一番わかる』、技術評論社、2013
19）佐野義幸、柳生浄勲、結石友宏、河島巌（著）『今日からモノ知りシリーズ　トコトンやさしい3Dプリンタの本』、日刊工業新聞社、2014
20）（社）日本熱処理技術協会（編）『はじめて学ぶ熱処理技術』、日刊工業新聞社、2005
21）腐食防食協会（編）『金属の腐食・防食Q&A　電気化学入門編』、丸善、2002
22）榎本利夫、佐藤敏彦（著）『設計者のための実用めっき教本』、日刊工業新聞社、2013
23）E.M.サビツキー、B.C.クリャチコ（著）、斎藤恒三、小坂岑雄（監修）、木下高一郎（訳）『金属とはなにか　文明を支える物質のチャンピオン』、講談社、1975
24）山田学（著）『めっちゃ、メカメカ!2 ばねの設計と計算の作法―はじめてのコイルばね設計』、日刊工業新聞社、2010

●監修者紹介

山田 学（やまだ まなぶ）

1963年生まれ。兵庫県出身。技術士（機械部門）
(株)ラブノーツ　代表取締役。 機械設計などに関する基礎技術力向上支援のため書籍執筆や企業内研修、セミナー講師などを行っている。
著書に、『図面って、どない描くねん！』『めっちゃメカメカ！基本要素形状の設計』（日刊工業新聞社刊）などがある。

●著者紹介

大薗 剣吾（おおぞの けんご）

東京都在住。愛知県出身。技術士（金属部門、機械部門）。
技術士事務所ソメイテック　代表、BISAI株式会社　代表取締役。日本技術士会　金属若手技術者の会　幹事。金型加工、表面処理、溶接、電子部品・半導体等の技術開発支援を行っている。アイアール技術者教育研究所の所長として、加工技術・新製品開発・技術者倫理などの技術者向け研修を行っている。

福﨑 昌宏（ふくざき まさひろ）

千葉県在住。福﨑技術士事務所 代表。技術士(金属部門)。
金属加工メーカー、建設機械メーカーの研究開発、生産技術を経て、2019年に福﨑技術士事務所を設立。金属組織の分析を専門として、金属疲労や腐食の分析調査に従事している。
著書『金属材料の疲労破壊・腐食の原因と対策　原理と事例を知って不具合を未然に防ぐ』(日刊工業新聞社刊)。

田口 宏之（たぐち ひろゆき）

福岡県在住。田口技術士事務所代表。技術士（機械部門）。
製品設計コンサルタントとして、中小製造業を中心に製品立ち上げや人材育成の支援などを行っている。
著書『図解！わかりやすーい 強度設計実務入門』『図解！わかりやすーい プラスチック材料を使った機械設計実務入門』（日刊工業新聞社刊）。
毎月十万人以上が利用する製品設計者のための情報サイト「製品設計知識」（https://seihin-sekkei.com/）の運営も行っている。

めっちゃ使える！
設計目線で見る「機械材料の基礎知識」
必要な機能を実現し設計を全体最適化するための知識

NDC 531.2

2022年8月19日　初版1刷発行
2024年4月26日　初版3刷発行

監修者　山田 学
©著　者　大薗 剣吾・福﨑 昌宏・田口 宏之
発行者　井水 治博
発行所　日刊工業新聞社
東京都中央区日本橋小網町14番1号
（郵便番号103-8548）
書籍編集部　電話03-5644-7490
販売・管理部　電話03-5644-7403
FAX03-5644-7400
URL　https://pub.nikkan.co.jp/
e-mail　info_shuppan@nikkan.tech
振替口座 00190-2-186076
本文デザイン・DTP——志岐デザイン事務所（矢野貴文）
本文イラスト——小島サエキチ
印刷——新日本印刷（POD2）

定価はカバーに表示してあります
落丁・乱丁本はお取り替えいたします。
2022 Printed in Japan
ISBN 978-4-526-08225-2　C3053